本書の特色と使い方

JN094509

自分で問題を解く力がつきます

教科書の学習内容をひとつひとつ丁寧に自分の力で解いていくことができるよう，解き方の見本やヒントを入れています。自分で問題を解く力がつき，楽しく確実に学習を進めていくことができます。

本書をコピー・印刷して教科書の内容をくりかえし練習できます

計算問題などは型分けした問題をしっかり学習したあと，いろいろな型を混合して出題しているので，学校での学習をくりかえし練習できます。
学校の先生方はコピーや印刷をして使えます。（本書 P128 をご確認ください）

学ぶ楽しさが広がり勉強がすきになります

計算問題は，めいろなどを取り入れ，楽しんで学習できるよう工夫しました。
楽しく学んでいるうちに，勉強がすきになります。

「ふりかえりテスト」で力だめしができます

「練習のページ」が終わったあと，「ふりかえりテスト」をやってみましょう。
「ふりかえりテスト」でできなかったところは，もう一度「練習のページ」を復習すると，力がぐんぐんついてきます。

スタートアップ解法編 2年　目次

ひょうと グラフ （1）

● クラスで，すきな たべものを １人 １つずつ えらびました。

すきな たべもの

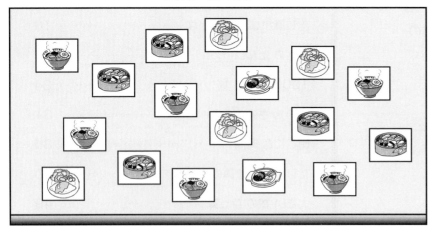

たべものごとに 黒ばんに 絵を ならべかえました。

すきな たべもの

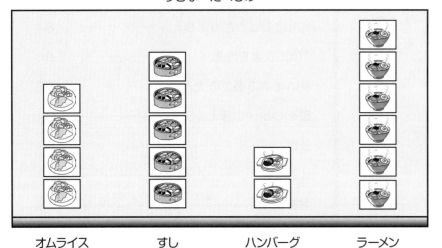

| オムライス | すし | ハンバーグ | ラーメン |

① 下の ひょうに 人数を 書きましょう。

すきな たべものしらべ

たべもの	オムライス	すし	ハンバーグ	ラーメン
人数（人）	4			

② 人数を ○を つかって 右の グラフに あらわしましょう。

すきな たべものしらべ

下から ○を なぞろう。

③ すきな 人が いちばん 多い たべものは 何ですか。

（　　　　　　　）

④ すきな 人が いちばん 少ない たべものは 何ですか。

（　　　　　　　）

2

ひょうと グラフ (2)

● ひなたさんの クラスで, しょうらい なりたい
しょくぎょうを 1人 1つずつ えらびました。

なりたい しょくぎょう

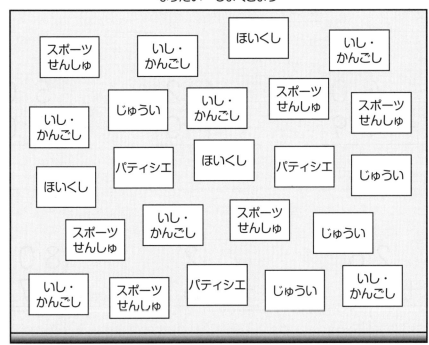

① 下の ひょうに 人数を 書きましょう。

なりたい しょくぎょうしらべ

	いし・かんごし	ほいくし	じゅうい	スポーツせんしゅ	パティシエ
人数(人)					

② 人数を ○を つかって 右の グラフに あらわ しましょう。

5人の ところの 線を 少し 太くすると わかりやすいね。

なりたい しょくぎょうしらべ

いし・かんごし	ほいくし	じゅうい	スポーツせんしゅ	パティシエ

③ 人数が 2ばんめに 多い しょくぎょうは 何ですか。

(　　　　　　)

④ 人数が 同じ しょくぎょうは 何と 何ですか。

(　　　　) と (　　　　)

⑤ いし・かんごしを えらんだ ひとは, じゅういを
えらんだ 人より 何人 多いですか。 (　　　)人

たし算の ひっ算 （1）

名前

□ 32 ＋ 26 を ①～③の じゅんに ひっ算で しましょう。

```
    3 2          3 2          3 2
  + 2 6   ➡   + 2 6   ➡   + 2 6
  ───────      ───────      ───────
                     8            5 8
```

① くらいを たてに そろえて かく。

② 一のくらいの計算
2 ＋ 6 ＝ 8

③ 十のくらいの計算
3 ＋ 2 ＝ 5

② 計算を しましょう。

①
```
    4 3
  + 3 6
  ───────
```

②
```
    1 4
  + 5 2
  ───────
```

③
```
    2 1
  + 7 7
  ───────
```

④
```
    6 4
  + 1 5
  ───────
```

⑤
```
    3 3
  + 5 4
  ───────
```

たし算の ひっ算 （2）

名前

□ ①
```
    6 0
  + 3 5
  ───────
```
6＋3 ＞   ＜ 0＋5

②
```
    5 3
  + 2 0
  ───────
```

③
```
    1 0
  + 7 0
  ───────
```

④
```
    4 0
  + 4 9
  ───────
```

⑤
```
    6 2
  + 1 0
  ───────
```

⑥
```
    5 0
  + 3 0
  ───────
```

② ①
```
    2 6
  +   3
  ───────
```

②
```
      2
  + 7 5
  ───────
```

③
```
    8 0
  +   7
  ───────
```

④
```
    6 5
  +   4
  ───────
```

⑤
```
      2
  + 9 3
  ───────
```

⑥
```
    4 0
  +   8
  ───────
```

① 47 + 52

② 16 + 63

③ 34 + 30

④ 23 + 25

⑤ 50 + 5

⑥ 84 + 14

⑦ 71 + 8

⑧ 60 + 20

● 答えの大きい方を通ってゴールまで行きましょう。通った答えを下の□に書きましょう。

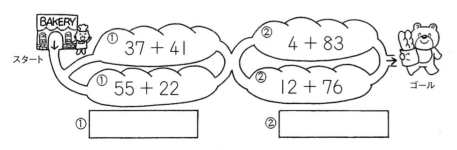

スタート　BAKERY
① 37 + 41
① 55 + 22
② 4 + 83
② 12 + 76
ゴール

①　　　　　　　　②

1　35 + 28 を　①〜③の　じゅんに　ひっ算で　しましょう。

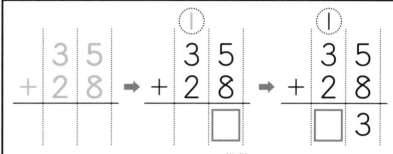

① くらいを たてに そろえて かく。

② 一のくらいの計算
5 + 8 = □

③ 十のくらいの計算
①+ 3 + 2 = □

2　計算を　しましょう。

①
	2	7
+	5	6

②
	4	6
+	1	5

③
	3	4
+	3	8

くり上がった１を わすれずに計算してね。

5

1
① 37 + 23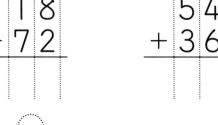
② 18 + 72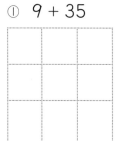
③ 54 + 36

④ 42 + 38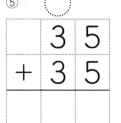
⑤ 35 + 35

一のくらいは 0に なるね。

2
① 57 + 8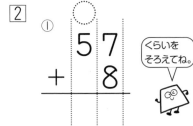
くらいを そろえてね。
② 6 + 49
③ 63 + 7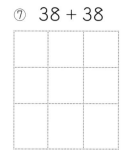

④ 65 + 6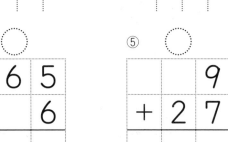
⑤ 9 + 27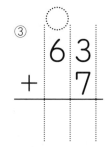
⑥ 9 + 71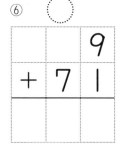

① 9 + 35
② 68 + 14
③ 24 + 67

④ 56 + 4
⑤ 77 + 13
⑥ 48 + 26

⑦ 38 + 38
⑧ 74 + 9

● 答えの大きい方を通ってゴールまで行きましょう。通った答えを下の□に書きましょう。

スタート
① 57 + 7
② 63 + 18
ゴール
① 45 + 17
② 59 + 24

①
②

たし算の ひっ算 (7)

名前

① 52 + 7

② 37 + 49

③ 65 + 5

④ 68 + 15

⑤ 71 + 25

⑥ 87 + 4

⑦ 80 + 16

⑧ 48 + 42

⑨ 29 + 19

⑩ 57 + 36

たし算の ひっ算 (8)

名前

① 70 + 28

② 31 + 19

③ 69 + 6

④ 46 + 44

⑤ 58 + 27

⑥ 47 + 35

⑦ 69 + 12

⑧ 55 + 33

● 答えの大きい方を通ってゴールまで行きましょう。通った答えを下の □ に書きましょう。

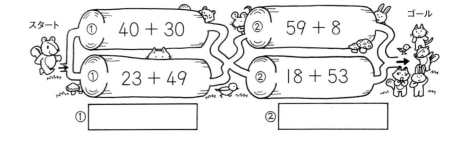

① 40 + 30
② 59 + 8
① 23 + 49
② 18 + 53

①
②

たし算の ひっ算 (9)　名前 _____

① 答えが 同じに なる しきを 線で むすびましょう。

35 + 40　・　　　・　18 + 29

29 + 18　・　　　・　40 + 35

7 + 46　・　　　・　20 + 40

40 + 20　・　　　・　46 + 7

② つぎの ひっ算の まちがいを 見つけて, 正しく 計算しましょう。

① (36 + 58)
```
  36
+ 58
----
  84
```
＋ |

② (23 + 7)
```
  23
+  7
----
  93
```
＋ |

③ (30 + 50)
```
  30
+ 50
----
   8
```
＋ |

たし算の ひっ算 (10)　名前 _____

① れなさんは 貝を 25こ ひろいました。
お姉さんは 29こ ひろいました。
あわせて 何こ ひろいましたか。

しき

答え _____

② ゆうたさんは おり紙を 8まい もっています。きょう 34まい 買いました。おり紙は 何まいに なりましたか。

しき

答え _____

③ お店で 50円の チョコレートと 26円の あめを 買いました。
あわせて いくらに なりますか。

しき

答え _____

ふりかえりテスト　たし算のひっ算

名前

1 計算を しましょう。(5×10)

① 39 + 48

② 18 + 67

③ 83 + 7

④ 22 + 59

⑤ 58 + 33

⑥ 17 + 72

⑦ 7 + 89

⑧ 66 + 26

⑨ 75 + 15

⑩ 19 + 45

2 ⑦、①と 答えが 同じに なる しきを ⑧～②から 見つけて ( )に 書きましょう。(5×2)

⑦ 35 + 27 (　)　① 54 + 69 (　)

⑧ 53 + 72　　⑪ 69 + 54

⑨ 27 + 35　　② 45 + 69

3 つぎの ひっ算の まちがいを 見つけて、正しく 計算しましょう。(10×2)

① 9 + 45

```
   9
+ 4 5
─────
 5 3
```

② 63 + 17

```
  6 3
+ 1 7
─────
 7 0
```

4 りくさんは 本を きのう 28ページ、きょうは 34ページ 読みました。あわせて 何ページ 読みましたか。(10)

しき

答え

5 家の やねに すずめが 45わ います。そこへ、7わ やってきました。ぜんぶで 何わに なりましたか。(10)

しき

答え

9

ひき算の ひっ算 (1)

名前 _____

1 57－34を ①〜③の じゅんに ひっ算で しましょう。

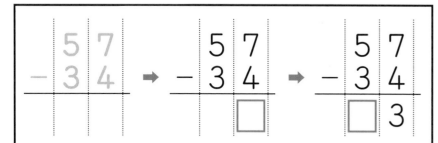

① くらいを たてに そろえて かく。

② 一のくらいの計算
7－4 = ☐

③ 十のくらいの計算
5－3 = ☐

2 計算を しましょう。

①
```
  7 5
－ 4 2
```

②
```
  6 8
－ 5 1
```

③
```
  3 9
－ 1 7
```

④
```
  4 6
－ 3 3
```

⑤
```
  8 7
－ 6 3
```

ひき算の ひっ算 (2)

名前 _____

1
①
```
  5 2
－ 3 2
```
5－3 ▷ 2 0

②
```
  7 6
－ 7 0
```
◁ 2－2   6

③
```
  6 0
－ 3 0
```
0は 書かない   3 0

④
```
  7 5
－ 2 5
```

⑤
```
  3 8
－ 3 0
```

⑥
```
  8 3
－ 6 0
```

2
①
```
  4 8
－   5
```

②
```
  6 9
－   2
```

③
```
  9 4
－   4
```

④
```
  8 6
－   3
```

⑤
```
  5 7
－   4
```

⑥
```
  4 2
－   2
```

10

ひき算の ひっ算（3）

くり下がりなし

名前 _____

① 56 − 50

② 77 − 64

③ 67 − 47

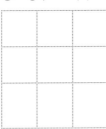

④ 95 − 33

⑤ 45 − 10

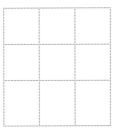

⑥ 93 − 2

⑦ 78 − 8

⑧ 69 − 26

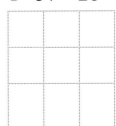

● 答えの大きい方を通ってゴールまで行きましょう。通った答えを下の□に書きましょう。

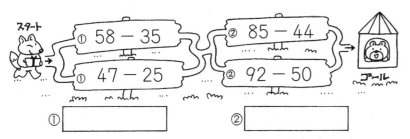

ひき算の ひっ算（4）

くり下がりあり

名前 _____

① 45 − 27 を ①〜③の じゅんに ひっ算で しましょう。

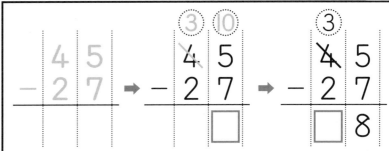

① くらいを たてに そろえて かく。

② 一のくらいの計算 5から7は ひけない 十のくらいから 1くり下げる。

15 − 7 =□

③ 十のくらいの計算 1くり下げたので3

3 − 2 =□

② 計算を しましょう。

①　　62
　− 38
　───

②　　56
　− 19
　───

③　　83
　− 45
　───

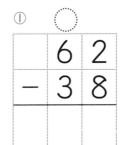

十のくらいから 1くり下げたことを わすれずに計算してね。

11

ひき算の ひっ算 (5)
くり下がりあり

名前 _____

1
①
```
  4 0
- 2 6
```
②
```
  7 2
- 6 7
```
③
```
  8 0
- 7 5
```

④
```
  6 0
- 3 8
```
⑤
```
  5 1
- 4 5
```
⑥
```
  3 0
- 2 3
```

2
①
```
  3 6
-   8
```
②
```
  9 0
-   5
```
③
```
  8 6
-   7
```

④
```
  5 3
-   6
```
⑤
```
  7 0
-   2
```

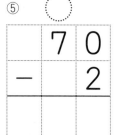

ひき算の ひっ算 (6)
くり下がりあり

名前 _____

① 37 - 29

② 94 - 55

③ 70 - 63

④ 82 - 34

⑤ 61 - 7

⑥ 43 - 18

⑦ 50 - 34

⑧ 64 - 49

● 答えの大きい方を通ってゴールまで行きましょう。通った答えを下の□に書きましょう。

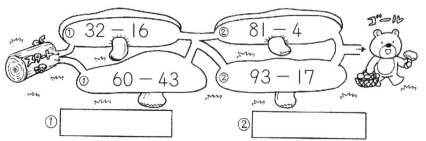

① 32 - 16
② 81 - 4
① 60 - 43
② 93 - 17

① _____
② _____

12

ひき算の ひっ算 （7）

名前

① 67 − 38

② 92 − 65

③ 55 − 40

④ 84 − 62

⑤ 38 − 29

⑥ 68 − 3

⑦ 50 − 11

⑧ 96 − 76

⑨ 73 − 24

⑩ 85 − 8

ひき算の ひっ算 （8）

名前

① 91 − 36

② 43 − 12

③ 80 − 14

④ 63 − 3

⑤ 74 − 47

⑥ 87 − 80

⑦ 54 − 28

⑧ 40 − 6

● 答えの大きい方を通ってゴールまで行きましょう。通った答えを下の□に書きましょう。

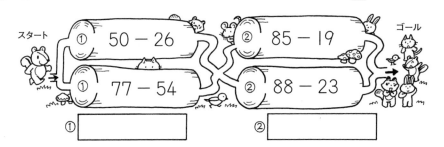

スタート　① 50 − 26　② 85 − 19　ゴール

① 77 − 54　② 88 − 23

①　　　　②

13

ひき算の ひっ算 (9)

名前 _____

① ひっ算を しましょう。そして，答えの たしかめに なる しきを えらび 線で むすびましょう。

```
  9 0
-  6 3
```

```
  5 6
-  2 7
```

```
  7 5
-    9
```

・   ・   ・

・   ・   ・

| 27 + 63 | | 66 + 9 | | 29 + 27 |

② つぎの ひっ算の まちがいを 見つけて，正しく 計算しましょう。

① (52 − 28)
```
  5 2
- 2 8
─────
  3 4
```

② (63 − 29)
```
  6 3
- 2 9
─────
  4 6
```

ひき算の ひっ算 (10)

名前 _____

① クッキーが 42まい ありました。
みんなで 28まい 食べました。
クッキーは 何まい のこっていますか。

しき

答え _____

② ラムネあじと いちごあじの あめが
あわせて 35こ あります。そのうち
ラムネあじの あめは 9こです。
いちごあじの あめは 何こ ありますか。

しき

答え _____

③ 2年生は 90人 います。1年生は
86人 います。2年生と 1年生の
人数の ちがいは 何人ですか。

しき

答え _____

14

ふりかえりテスト ひき算のひっ算

名前

1 計算を しましょう。(5×10)

① 59－46
② 74－4
③ 83－23
④ 34－16
⑤ 51－33
⑥ 25－19
⑦ 62－46
⑧ 80－7
⑨ 47－28
⑩ 90－15

2 つぎの 計算を して、答えを たしかめましょう。(5×4)

①
```
  7 6
－   8
```
（たしかめ）

②
```
  5 0
－ 4 3
```
（たしかめ）

（　　　）（　　　）

3 つぎの ひっ算の まちがいを 見つけて、正しく 計算しましょう。(7×2)

① 49－6
```
  4 9
－   6
  2 9
```

② 72－49
```
  7 2
－ 4 9
  3 3
```

4 おり紙が、63まい あります。28まい つかうと、のこりは 何まいですか。(8)

しき

答え

5 かおりさんは シールを 24まい もっています。妹は かおりさんより 6まい 少ないそうです。妹は シールを 何まい もって いますか。(8)

しき

答え

たし算かな ひき算かな （1）

名前 _____

① バスに 46人 のっていました。
　ていりゅうじょで 26人 おりました。
　バスの 中は 何人に なりましたか。

しき

答え _____

② こうえんで 子どもが 31人 あそんでいます。
　そのうち, 6人 帰りました。こうえんに
　いる 子どもは, 何人に なりましたか。

しき

答え _____

③ どうぶつ園に 白鳥が 9わ います。
　あひるは 白鳥より 25わ 多いです。
　あひるは 何わ いますか。

しき

答え _____

たし算かな ひき算かな （2）

名前 _____

① ゆきなさんは 魚を 15ひき,
　お兄さんは 18ひき つりました。
　あわせて 何びき つりましたか。

しき

答え _____

② 図書室に ものがたりの 本が
　86さつ, 図かんが 94さつ あります。
　どちらが 何さつ 多いですか。

しき

答え _____

③ 赤と 黄色の チューリップが, あわせて 70本
　さきました。そのうち, 赤い チューリップは 45本です。
　黄色の チューリップは 何本ですか。

しき

答え _____

たし算かな ひき算かな（3）

名前

1　ジュースが，65本　あります。2年生　27人に　1本ずつ　くばりました。ジュースは，何本　のこっていますか。

しき

答え _____

2　じん社の　かいだんは　92だん　あります。77だんまで　のぼりました。のこりは　あと　何だんですか。

しき

答え _____

3　バスに　35人　のっています。バスていで　15人　のってきました。ぜんぶで　何人に　なりましたか。

しき

答え _____

たし算かな ひき算かな（4）

名前

1　赤い　色紙が　65まい，青い　色紙が　45まいあります。ちがいは　何まいですか。

しき

答え _____

2　90ページの　本が　あります。54ページ読みました。のこりは　何ページですか。

しき

答え _____

3　お母さんは　クッキーを　38こ　作りました。わたしは　22こ　作りました。あわせて　クッキーを何こ　作りましたか。

しき

答え _____

長さの たんい（1）

名前 _____

1　どちらが 長いでしょうか。長い方の（　）に ○を
　書きましょう。

①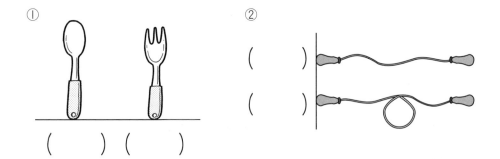

（　　）（　　）

② （　　）

（　　）

2　長い じゅんに 番ごうを 書きましょう。

①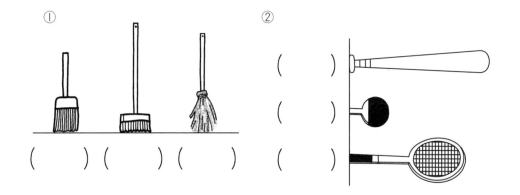

（　　）（　　）（　　）

② （　　）

（　　）

（　　）

長さの たんい（2）

名前 _____

1　いろいろな ものの 長さを テープを つかって
　くらべました。長い じゅんに 番ごうを 書きましょう。

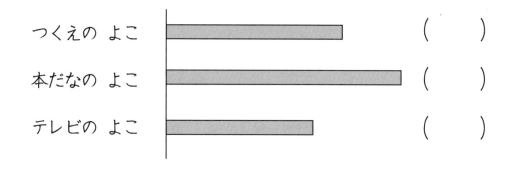

つくえの よこ　　　　　（　　）

本だなの よこ　　　　　（　　）

テレビの よこ　　　　　（　　）

2　たてと よこ どちらが どれだけ 長いか, キャップを
　つかって くらべました。（　）に 数字を 書きましょう。

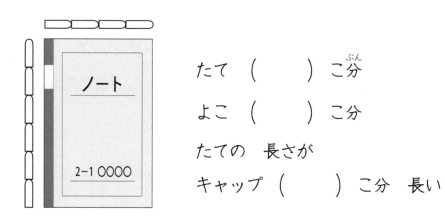

たて（　　）こ分

よこ（　　）こ分

たての 長さが

キャップ（　　）こ分 長い

18

長さの たんい (3)

長さを はかる たんいに センチメートルが あります。
1センチメートル は 1cm と 書きます。

① cmを 書く れんしゅうを しましょう。

1cm 2cm 3cm 4cm

② ㋐～㋒は それぞれ 何cmですか。

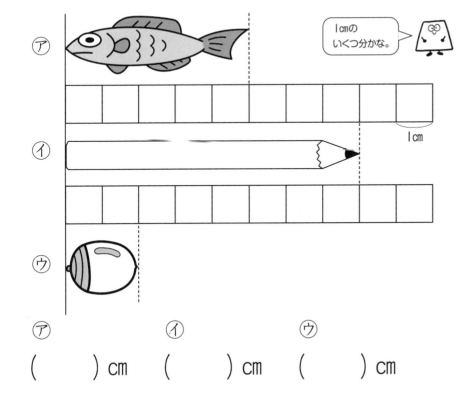

1cmの いくつ分かな。

1cm

㋐ ( ) cm   ㋑ ( ) cm   ㋒ ( ) cm

長さの たんい (4)

① つぎの テープの 長さは 何cmですか。

① 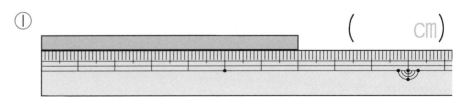   (cm)

② 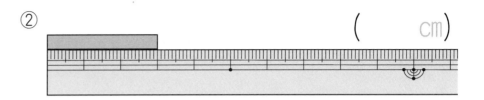   (cm)

③ 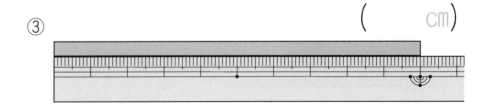   (cm)

② ものさしで 長さを はかりましょう。

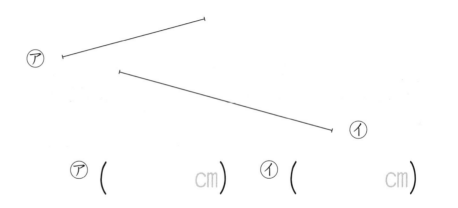

㋐ (cm)   ㋑ (cm)

長さの たんい (5)

1cmを 同じ 長さに 10 に 分けた 1こ分の 長さを ミリメートル といいます。 1cm＝ 10 mm

① mmを 書く れんしゅうを しましょう。

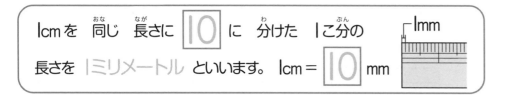

1mm 2mm 3mm 4mm

② つぎの ものの 長さは どれだけですか。

①

(　　　 mm)

②

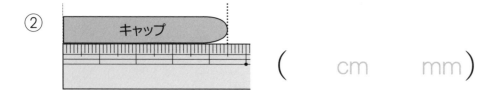

(　 cm 　 mm)

③

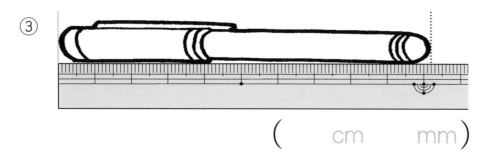

(　 cm 　 mm)

長さの たんい (6)

① つぎの テープの 長さは 何cm何mmですか。

①

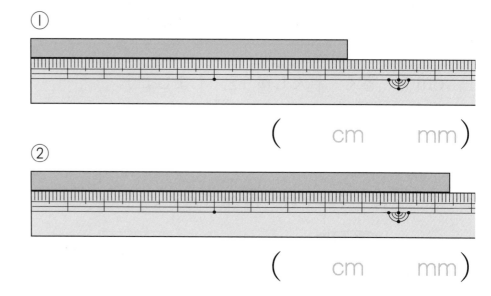

(　 cm 　 mm)

②

(　 cm 　 mm)

② ものさしで 長さを はかりましょう。

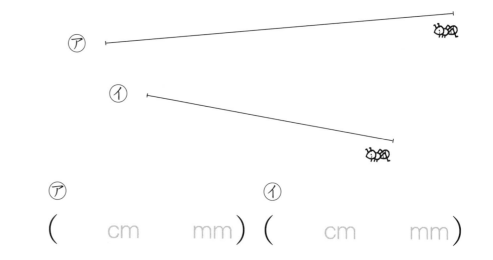

ア (　 cm 　 mm) イ (　 cm 　 mm)

20

長さの たんい (7)

① ものさしで つぎの 長さの 線を ひきましょう。

① 3cm　　..

② 8cm　　..

③ 6cm3mm　..

② ものさしで つぎの 長さの 線を ひきましょう。
そして, その 長さの どうぶつに ○を しましょう。

① 7cm5mm　

....

② 5cm6mm　

....

③ 10cm2mm　

....

長さの たんい (8)

① つぎの テープの 長さは, 何cm何mm ですか。
また, 何mm ですか。

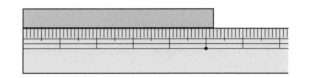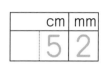

cm	mm
5	2

(　cm　　mm) (　mm)

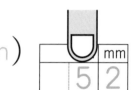

	mm
5	2

② □に あてはまる 数を 書きましょう。

① 3cm 9mm = □ mm

cm	mm

② 6cm 1mm = □ mm

cm	mm

③ 17mm = □ cm □ mm

cm	mm

④ 78mm = □ cm □ mm

cm	mm

⑤ 90mm = □ cm

cm	mm

長さの たんい (9)

名前 _____

① 5cmと3cmの テープを かさならないように
つなぐと 何cmに なりますか。

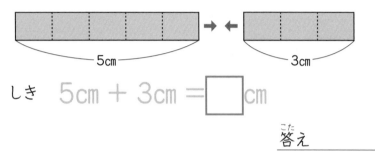

5cm → ← 3cm

しき 5cm + 3cm = ☐ cm

答え _____

② あつさが 2cmの 本と, あつさが
4cm6mm の 本が あります。

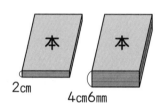

2cm   4cm6mm

① 2さつ つみかさねると
何cm何mmになりますか。

しき 2cm + 4cm 6mm = ☐ cm ☐ mm

> 同じ たんいどうしの
> 数を 計算しよう。

答え _____

② あつさの ちがいは 何cm何mmですか。

しき 4cm 6mm − 2cm = ☐ cm ☐ mm

答え _____

長さの たんい (10)

名前 _____

● 計算を しましょう。

① 3cm 8mm + 4cm = ☐ cm ☐ mm

② 10cm 2mm − 5cm = ☐ cm ☐ mm

③ 6cm 3mm + 3mm = ☐ cm ☐ mm

④ 7cm 9mm − 6mm = ☐ cm ☐ mm

⑤ 4cm 3mm + 6cm 5mm = ☐ cm ☐ mm

⑥ 12cm 8mm − 9cm 7mm = ☐ cm ☐ mm

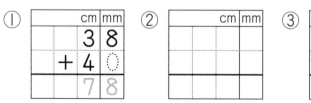

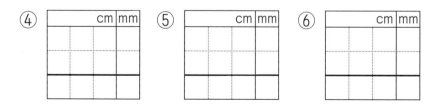

22

1 左の はしから ⑦、①、⑦、①までの 長さは それぞれ 何cm何mmですか。(6×4)

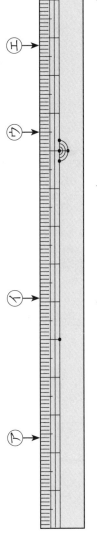

⑦ ( ) cm ( ) mm 　 ① ( ) cm ( ) mm

⑦ ( ) cm ( ) mm 　 ① ( ) cm ( ) mm

2 ものさしで 長さを はかりましょう。(6×2)

① 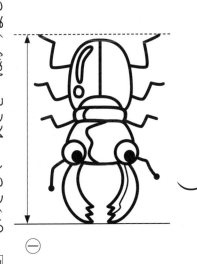 ( )

② 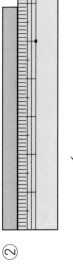 ( )

3 つぎの 長さの 線を ひきましょう。(6×2)

① 3cm

② 7cm 2mm

4 つぎの テープの 長さは それぞれ 何cm何mmですか。また、何mmですか。(6×4)

① 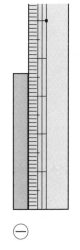　( ) cm ( ) mm

( ) mm

② 　( ) cm ( ) mm

( ) mm

5 計算を しましょう。(7×4)

① 6cm + 4cm 7mm

② 3cm 3mm + 5cm 5mm

③ 8cm 6mm − 6mm

④ 10cm 7mm − 7cm 3mm

23

● ぜんぶで ねこは 何びき いますか。10ずつ ○で かこみましょう。100で 大きく かこみましょう。

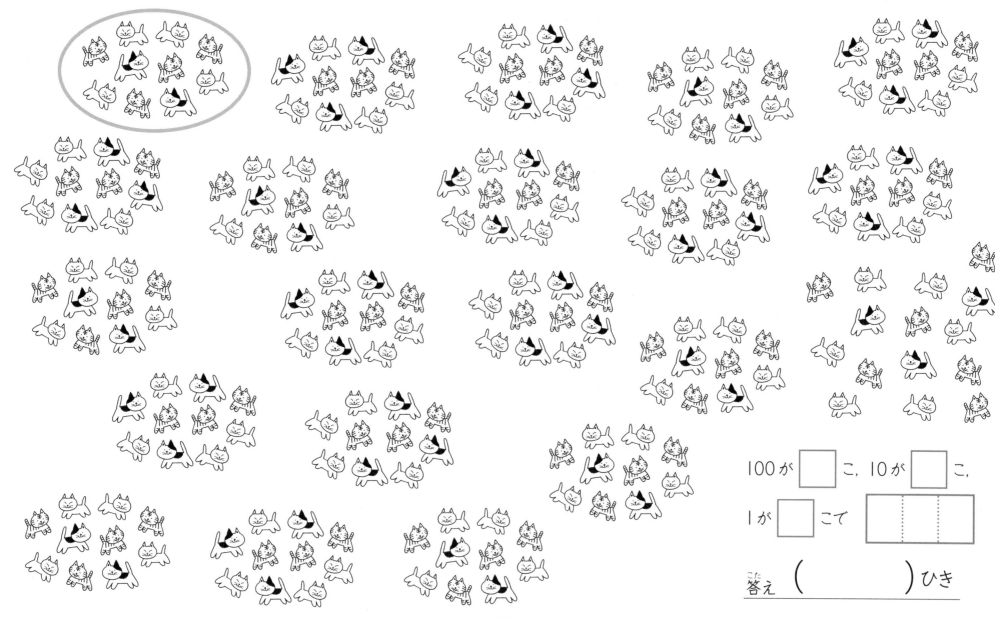

100が ☐ こ, 10が ☐ こ,

1が ☐ こで ☐

答え （　　　　）ひき

● ■は ぜんぶで 何こ ありますか。

①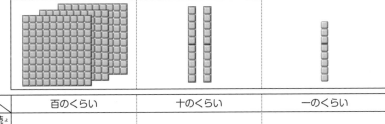

	百のくらい	十のくらい	一のくらい
読み方	二百	五十	三
数字	2	5	3

②

	百のくらい	十のくらい	一のくらい
読み方			
数字			

● ■は ぜんぶで 何こ ありますか。

①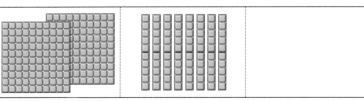

	百のくらい	十のくらい	一のくらい
読み方			
数字			

②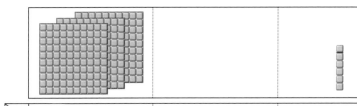

	百のくらい	十のくらい	一のくらい
読み方			
数字			

③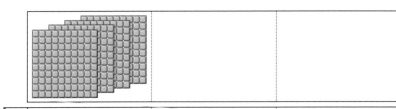

	百のくらい	十のくらい	一のくらい
読み方			
数字			

1000までの 数 （4）

名前 _____

① 数字で 書きましょう。

① 八百十八

百のくらい	十のくらい	一のくらい
8	1	8

（　　　　　　　）

② 六百五

百のくらい	十のくらい	一のくらい

（　　　　　　　）

③ 九百

百のくらい	十のくらい	一のくらい

（　　　　　　　）

④ 百十

百のくらい	十のくらい	一のくらい

（　　　　　　　）

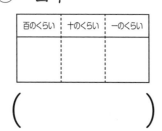

② □ に あてはまる 数を 書きましょう。

① 百のくらいが 4, 十のくらいが
9, 一のくらいが 2の 数は,

百のくらい	十のくらい	一のくらい

□ です。

② 百のくらいが 5で, 十のくらいが
8の 数は, □ です。

百のくらい	十のくらい	一のくらい

1000までの 数 （5）

名前 _____

● □ に あてはまる 数を 書きましょう。

① 100を 6こ, 10を 9こ,
1を 4こ あわせた 数は,
□ です。

百のくらい	十のくらい	一のくらい
6	9	4

② 100を 7こと 10を 2こ
あわせた 数は, □ です。

百のくらい	十のくらい	一のくらい

③ 100を 9こと 1を 3こ
あわせた 数は, □ です。

百のくらい	十のくらい	一のくらい

④ 537は, 100を □ こ,
10を □ こ, 1を □ こ
あわせた 数です。

百のくらい	十のくらい	一のくらい

⑤ 106は, 100を □ こ,
1を □ こ あわせた 数です。

百のくらい	十のくらい	一のくらい

1000 までの 数 (6)

名前

① □ に 答えを 書きましょう。

① 10を 24こ あつめた 数は いくつですか。

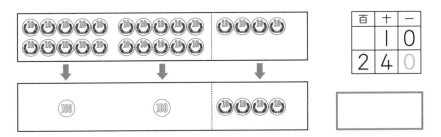

百	十	一
	1	0
2	4	0

② 10を 12こ あつめた 数は いくつですか。

② □ に 答えを 書きましょう。

① 180は 10を 何こ あつめた 数ですか。

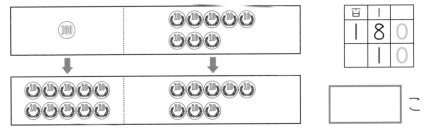

百	十	一
1	8	0
	1	0

□ こ

② 350は 10を 何こ あつめた 数ですか。

□ こ

1000 までの 数 (7)

名前

① □ に あてはまる 数を 書きましょう。

①

| 326 | 327 | | | |

②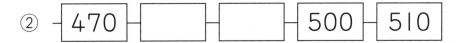

| 470 | | | 500 | 510 |

③

| 300 | 400 | | | 700 |

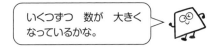

いくつずつ 数が 大きく なっているかな。

② □ に あてはまる 数を 書きましょう。

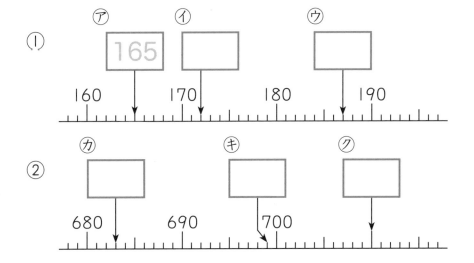

1000 までの 数 (8)

① 下の 数の線を 見て，□ に あてはまる 数を 書きましょう。

① 1000は, 100を □ こ あつめた 数です。

② 1000より 1 小さい 数は □ です。

③ 1000より 100 小さい 数は □ です。

④ 600より 200 大きい 数は □ です。

⑤ 700より 200 小さい 数は □ です。

② つぎの 数を ⑦の ように 下の 数の線に ↑で 書き入れましょう。

| ⑦ 350 | ④ 520 | ⑤ 790 | ⑤ 960 |

● 答えの大きい方を通ってゴールまで行きましょう。通った答えを下の□に書きましょう。

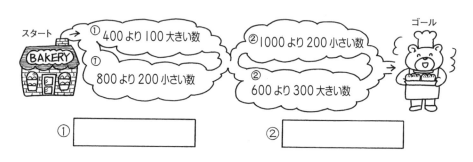

スタート
① 400 より 100 大きい数
① 800 より 200 小さい数
②1000 より 200 小さい数
②600 より 300 大きい数
ゴール

① □   ② □

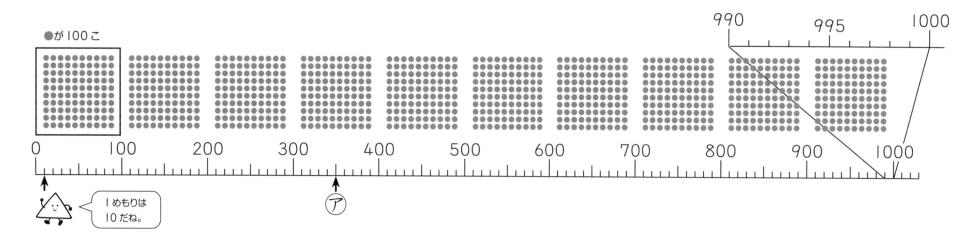

●が100こ

0 100 200 300 400 500 600 700 800 900 1000

1めもりは 10だね。

⑦

990 995 1000

1000 までの 数 (9)

名前 _____

① どちらが 大きいですか。( )に 数字を 書いて，□ に あてはまる ＞，＜を 書きましょう。

①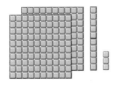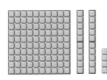

> 百のくらいで くらべるよ。

(213) ＞ (124)

②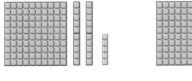

> 百のくらいは 同じだから 十のくらいで くらべるよ。

( ) □ ( )

③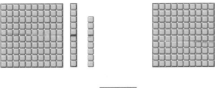

> これは，一のくらいで くらべたら いいね。

( ) □ ( )

② □ に あてはまる ＞，＜を 書きましょう。

① 890 □ 902

② 412 □ 408

③ 572 □ 575

④ 708 □ 710

1000 までの 数 (10)

名前 _____

① さとしさんは 70円の ゼリーと 50円の あめを 買いました。 あわせて いくらですか。

> 10で 何こに なるか 考えよう。

しき □ ＋ □ ＝ □

答え _____

② ゆきさんは 120円 もっています。
80円の チョコレートを 買うと，いくら のこりますか。

しき □ － □ ＝ □

答え _____

③ 計算を しましょう。

① 80 ＋ 60 ＝ □

② 200 ＋ 70 ＝ □

③ 300 ＋ 600 ＝ □

④ 160 － 90 ＝ □

⑤ 580 － 80 ＝ □

⑥ 900 － 400 ＝ □

名前

1 数は ぜんぶで 何こ ありますか。(5×2)

①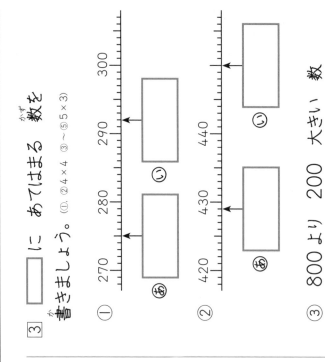

②

2 □に あてはまる 数を 書きましょう。(4×6)

① 100を 6こと 10を 7こ あわせた 数は □です。

② 802は、100を □こと 1を □こ あわせた 数です。

③ 10を 28こ あつめた 数は □です。

④ 370は、10を □こ あつめた 数です。

⑤ 1000は、100を □こ あつめた 数です。

3 □に あてはまる 数を 書きましょう。(①、②4×4 ③~⑤5×3)

① 270　280　290　300

② 420　430　440

③ 800より 200 大きい 数

④ 900より 300 小さい 数

⑤ 1000より 1 小さい 数

4 □に あてはまる ＞、＜を 書きましょう。(5×3)

① 512 □ 485

② 703 □ 710

③ 391 □ 394

5 計算を しましょう。(5×4)

① 60＋90

② 200＋700

③ 140－80

④ 800－300

水の かさの たんい (1)

名前 _____

かさを あらわす たんいに リットルが あります。
1リットル は 1L と 書きます。水などの かさは
1リットルが いくつ分 あるかで あらわします。

① L を 書く れんしゅうを しましょう。

1L 2L 3L 4L 5L 6L

② つぎの 入れものに 入る 水の かさを
書きましょう。

① 　　1L の [2] つ分で [ ] L

②  　　1L の [ ] つ分で [ ] L

③ 　　1L の [ ] つ分で [ ] L

水の かさの たんい (2)

名前 _____

1L を 同じ かさに 10こに 分けた 1つ分を
1デシリットル といい，1dL と
書きます。　　1L = [10] dL

① dL を 書く れんしゅうを しましょう。

1dL 2dL 3dL 4dL 5dL

② つぎの 入れものに 入る 水の かさを
書きましょう。

1dLが
4つ分だから…。

① 　　[ ] dL

② 　　[ ] L [ ] dL

③ 　　[ ] L [ ] dL

④ 　　[ ] dL

31

水の かさの たんい （3）

1　1Lますに　入った　水の　かさは　何dL ですか。

①　□ dL　　②　□ dL　　③　□ dL

2　つぎの　入れものに　入る　水の　かさを　⑦、⑦の
あらわし方で　書きましょう。

① 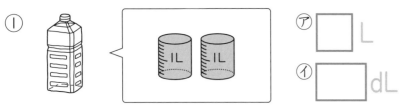　⑦ □ L　⑦ □ dL

② 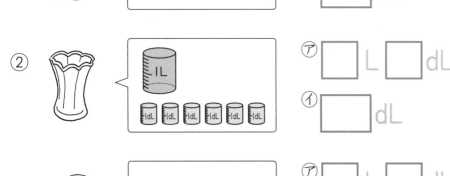　⑦ □ L □ dL　⑦ □ dL

③ 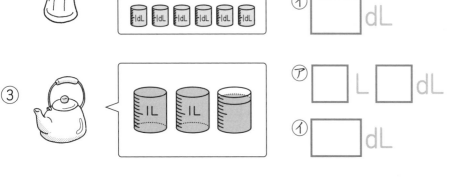　⑦ □ L □ dL　⑦ □ dL

水の かさの たんい （4）

1　りんごジュースが　2L5dL、みかんジュースが
1L3dL　あります。

①　ジュースは　あわせて　どれだけに　なりますか。

しき　2L5dL ＋ 1L3dL ＝ □ L □ dL

LはL、dLはdLで
たし算しよう。

答え ＿＿＿＿＿＿＿＿

②　かさの　ちがいは　どれだけですか。

しき　2L5dL － 1L3dL ＝ □ L □ dL

答え ＿＿＿＿＿＿＿＿

2　計算を　しましょう。

①　5L ＋ 2L6dL

②　3L2dL ＋ 7dL

③　3L6dL － 2L

④　1L8dL － 4dL

ひっ算でも
できるよ。

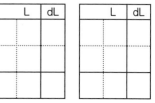

水の かさの たんい (5)

名前 _____

> dL より 少ない かさを あらわす たんいに ミリリットルが あります。1ミリリットル は 1mL と 書きます。

1 mL を 書く れんしゅうを しましょう。

1mL 2mL 3mL 4mL 5mL

2 □に あてはまる 数を 書きましょう。

① 1L = [　　] dL

L	dL	・	(mL)
1	0		

② 5L = [　　] dL

L	dL	・	(mL)

③ 1L = [　　] mL

L	(dL)	・	ml
1	0 0 0		

④ 3L = [　　] mL

L	(dL)	・	mL

⑤ 1dL = [　　] mL

(L)	dL	・	mL
	1	0 0	

⑥ 2dL = [　　] mL

(L)	dL	・	mL

水の かさの たんい (6)

名前 _____

1 [　　] に あてはまる たんい (L, dL, mL) を 書きましょう。

① 水そうに 入る 水のかさ …… 3 [　　]

② 茶わんに 入る 水のかさ … 200 [　　]

③ コップに 入る 水のかさ …… 2 [　　]

2 かさの 大きい 方に ○を しましょう。

① (18dL , 2L)

② (400mL , 3dL)

③ (750mL , 1L)

> 1 L = 10 dL
> 1 L = 1000 mL
> 1 dL = 100 mL
> だったね。

● かさの大きい方を通ってゴールまで行きましょう。通ったかさを下の □に書きましょう。

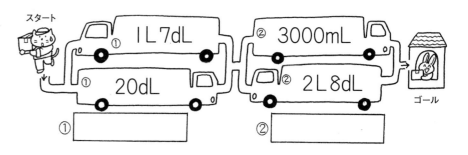

スタート
① 1L7dL　② 3000mL
① 20dL　② 2L8dL
ゴール

① [　　　　　　]　② [　　　　　　]

1 つぎの 水の かさを ⑦、①の あらわし方で 書きましょう。(5×6)

①
⑦ [ ] L
① [ ] L [ ] dL

②
⑦ [ ] L [ ] dL
① [ ] L [ ] dL

③
⑦ [ ] L [ ] dL
① [ ] dL

2 計算を しましょう。(5×4)

① 1L4dL + 3L2dL

② 5L + 7L6dL

③ 8L5dL − 5L4dL

④ 6L3dL − 6L

3 □に あてはまる たんい (L, dL, mL) を 書きましょう。(5×3)

① おふろに 入る 水のかさ 450 [ ]

② 水とうに 入る 水のかさ 7 [ ]

③ スプーン 1ぱいの 水のかさ 15 [ ]

4 □に あてはまる 数を 書きましょう。(5×4)

① 1L = [ ] dL

② 5L = [ ] dL

③ 1L = [ ] mL

④ 1dL = [ ] mL

5 かさの 大きい 方に ○を しましょう。(5×3)

① (30dL , 2L7dL)

② (10dL , 900mL)

③ (1800mL , 2L)

時こくと 時間 (1)

学校を 出る

えきに つく

どうぶつえんに つく

おべんとうを たべる

1　上の あ～えの 時こくを それぞれ 書きましょう。

あ ☐ 時 ☐ 分　い ☐ 時 ☐ 分

う ☐ 時 ☐ 分　え ☐ 時 ☐ 分

2　学校を 出てから えきに つくまでの 時間は
何分間ですか。

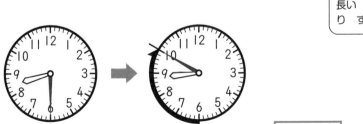

長い はりが 20 めもり すすんで いるね。

☐ 分間

3　学校を 出てから どうぶつ園に つくまでの 時間は
何分間ですか。また, それは 何時間ですか。

長い はりが
ひとまわり しているよ。

☐ 分間　☐ 時間

長い はりが 1めもり すすむ 時間は 1分間で,
1まわりする 時間は, 60分間です。
60分間を, 1時間と いいます。

60分間の ことを
60分とも いうよ。

1時間＝60分

35

時こくと 時間 (2)

● ⑦から ④までの 時間は 何分間ですか。
時計の 時こくを （ ）に 書いて もとめましょう。
③は 何時間かも もとめましょう。

①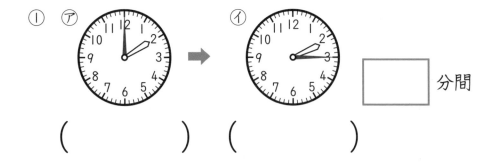

（ 　　　　 ） （ 　　　　 ）

②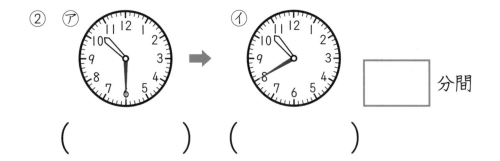

（ 　　　　 ） （ 　　　　 ）

③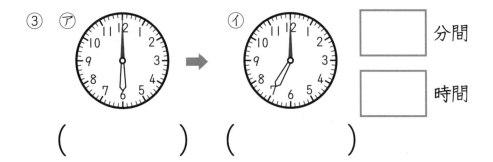

（ 　　　　 ） （ 　　　　 ）

時こくと 時間 (3)

● ⑦から ④までの 時間は 何分間ですか。
時計の 時こくを （ ）に 書いて もとめましょう。
③は 何時間かも もとめましょう。

①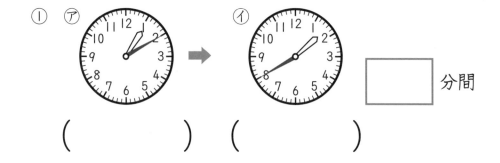

（ 　　　　 ） （ 　　　　 ）

②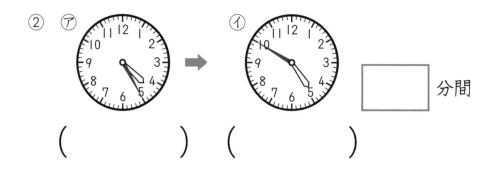

（ 　　　　 ） （ 　　　　 ）

③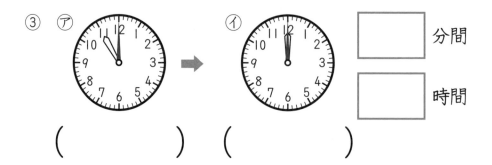

（ 　　　　 ） （ 　　　　 ）

● 時計の 時こくを （　）に 書きましょう。

① 　1時間前　　　　今　　　　1時間後

　←　　→

（　）時（　）分　　3時30分　　（　）時（　）分

② 　30分前　　　　今　　　　30分後

（　）時（　）分　　5時　　（　）時（　）分

③ 　20分前　　　　今　　　　20分後

（　）時（　）分　　8時40分　　（　）時

① 今の 時こくは 9時30分です。
　つぎの 時こくを 書きましょう。

① 1時間前（　　　　　　）

② 1時間後（　　　　　　）

③ 20分前（　　　　　　）

④ 30分後（　　　　　　）

② ☐ に あてはまる 数を 書きましょう。

① 1時間 ＝ ☐ 分

② 1時間30分 ＝ ☐ 分

③ 80分 ＝ ☐ 時間 ☐ 分

● 時間と時こくのつかいかたが正しいほうに○をしましょう。

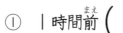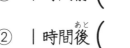

① あさ おきた 時間は 7時です。

② ごはんを たべるのに かかった 時間は 20分です。

① あさ おきた 時こくは 7時です。

② ごはんを たべるのに かかった 時こくは 20分です。

37

時こくと 時間 (6)

名前

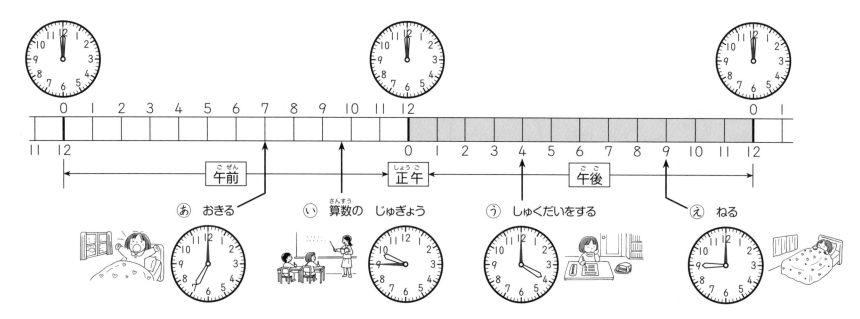

① 上の 図の あ, い, う, えの 時こくを, 午前, 午後を つけて ( ) に 書きましょう。

あ (　　　　　　　)　　い (　　　　　　　)

う (　　　　　　　)　　え (　　　　　　　)

② □に あてはまる 数を 書きましょう。

① 午前, 午後は それぞれ □ 時間です。

② 1日は □ 時間です。

③ 時計の みじかい はりは 1日に □ 回 まわります。

③ あから うまでの 時間は 何時間ですか。

あ 午前7時　　　　う 午後4時

□ 時間

④ うから えまでの 時間は 何時間ですか。

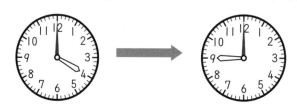

□ 時間

38

ふりかえりテスト 時こくと 時間

名前 _____

1 □に あてはまる 数を 書き入れましょう。(5×4)

① 長い はりが 1めもり すすむ 時間は [　] 分間です。

② 長い はりが 1まわりする 時間は [　] 分間です。

③ 午前と 午後は それぞれ 12時間で、1日は [　] 時間です。

④ 時計の みじかい はりは、1日に [　] 回 まわります。

2 ⑦から ①までの 時間は 何分間ですか。(8×2)

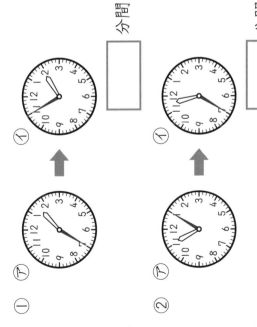

① ⑦ → ① [　] 分間

② ⑦ → ① [　] 分間

3 □に あてはまる 数を 書きましょう。(5×3)

① 1時間 = [　] 分

② 100分 = [　] 時間 [　] 分

③ 1時間10分 = [　] 分

4 今の 時こくは 11時20分です。つぎの 時こくを 書きましょう。(8×3)

① 1時間前 (　　　)

② 30分後 (　　　)

③ 20分前 (　　　)

5 つぎの 時こくを 午前、午後をつけて 書きましょう。(8×2)

 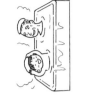

① あさ (　　　)

② よる (　　　)

6 ⑦から ①までの 時間は 何時間ですか。(9)

⑦ 午後1時 ① 午後9時

[　] 時間

たし算と ひき算の ひっ算 (1)

たし算（くり上がり 1 回）

名前 _____

① 52 + 84 を ①～③の じゅんに ひっ算で しましょう。

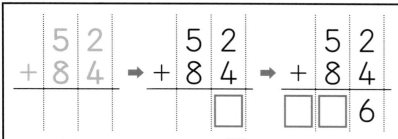

① くらいを たてに そろえて 書く。

② 一のくらいの計算

$2 + 4 = \boxed{}$

③ 十のくらいの計算

$5 + 8 = \boxed{}$

十のくらいに 3 を 書く。
百のくらいに 1 くり上げる。

② 計算を しましょう。

①
```
   6 3
 + 7 5
```

②
```
   4 6
 + 9 1
```

③
```
   7 4
 + 5 4
```

④
```
   8 2
 + 3 3
```

⑤
```
   9 2
 + 2 4
```

たし算と ひき算の ひっ算 (2)

たし算（くり上がり 1 回）

名前 _____

①
```
   6 0
 + 8 5
```

②
```
   7 2
 + 3 5
```

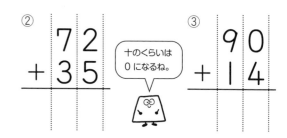
十のくらいは 0 になるね。

③
```
   9 0
 + 1 4
```

④
```
   7 7
 + 4 0
```

⑤
```
   2 6
 + 8 3
```

⑥
```
   5 0
 + 5 8
```

② ① 34 + 73

② 81 + 45

③ 94 + 70

④ 40 + 66

⑤ 37 + 82

1　56 ＋ 78 を　①〜③の　じゅんに　ひっ算で　しましょう。

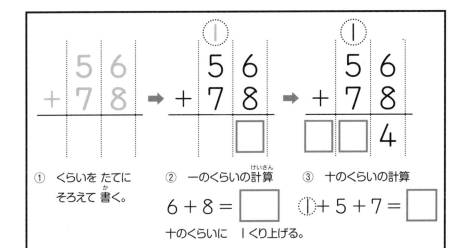

① くらいを たてに　そろえて 書く。

② 一のくらいの計算
6 ＋ 8 ＝ □
十のくらいに 1くり上げる。

③ 十のくらいの計算
①＋ 5 ＋ 7 ＝ □

2　ひっ算で　しましょう。

①
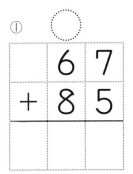
67 ＋ 85

②
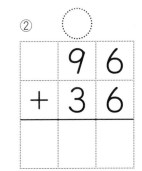
96 ＋ 36

③
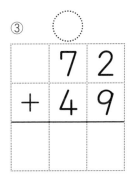
72 ＋ 49

1
①
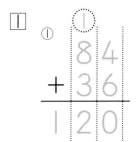
84 ＋ 36 ＝ 120

②
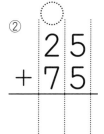
25 ＋ 75

③
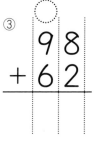
98 ＋ 62

④
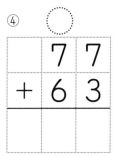
77 ＋ 63

⑤
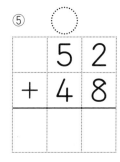
52 ＋ 48

⑥
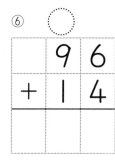
96 ＋ 14

2
①
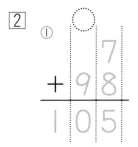
7 ＋ 98 ＝ 105

②
94 ＋ 9

③
93 ＋ 7

④
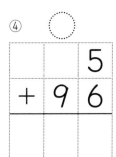
5 ＋ 96

⑤
97 ＋ 7

⑥
95 ＋ 5

41

① 39 + 93

② 85 + 65

③ 72 + 59

④ 95 + 8

⑤ 69 + 45

⑥ 57 + 86

⑦ 49 + 51

⑧ 6 + 99

⑨ 93 + 47

⑩ 75 + 86

① 23 + 82

② 64 + 36

③ 4 + 97

④ 76 + 88

⑤ 66 + 42

⑥ 29 + 92

⑦ 38 + 80

⑧ 55 + 96

● 答えの大きい方を通ってゴールまで行きましょう。通った答えを下の□に書きましょう。

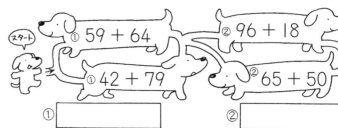

スタート ① 59 + 64　② 96 + 18　① 42 + 79　② 65 + 50　ゴール

①　　②

ひき算（くり下がり1回）

1 135 − 72 を ①〜③の じゅんに ひっ算で
しましょう。

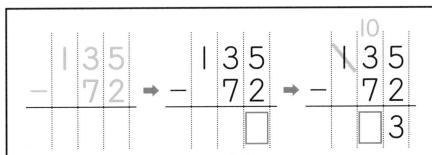

① くらいを たてに
そろえて 書く。

② 一のくらいの計算
5 − 2 = □

③ 十のくらいの計算
3 から 7 は ひけない。
百のくらいから
1くり下げる。
13 − 7 = □

2 計算を しましょう。

①
```
  1 2 9
−   8 6
```

②
```
  1 6 8
−   7 4
```

③
```
  1 5 7
−   9 2
```

ひき算（くり下がり1回）

1 ①
```
  1 0 7
−   5 5
```

②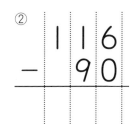
```
  1 1 6
−   9 0
```

③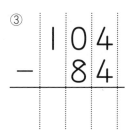
```
  1 0 4
−   8 4
```

④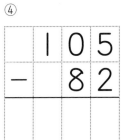
```
  1 0 5
−   8 2
```

⑤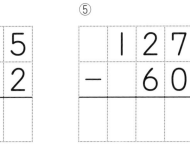
```
  1 2 7
−   6 0
```

⑥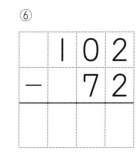
```
  1 0 2
−   7 2
```

2 ① 146 − 65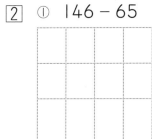

② 172 − 81

③ 109 − 88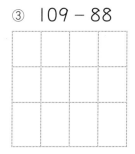

④ 134 − 53

⑤ 144 − 70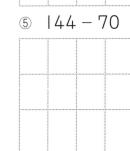

たし算と ひき算の ひっ算 (9)

ひき算（くり下がり2回）

名前 _____

① 135 − 79 を ①〜③の じゅんに ひっ算で しましょう。

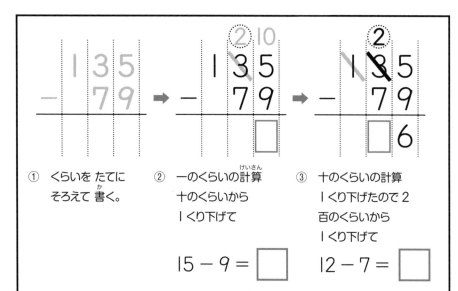

① くらいを たてに そろえて 書く。

② 一のくらいの計算 十のくらいから 1くり下げて

$15 - 9 = \boxed{}$

③ 十のくらいの計算 1くり下げたので2 百のくらいから 1くり下げて

$12 - 7 = \boxed{}$

② 計算を しましょう。

①
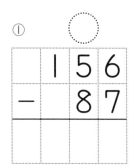

②
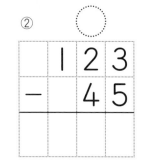

③
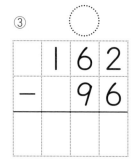

たし算と ひき算の ひっ算 (10)

ひき算（くり下がり2回）

名前 _____

①

①		②		③	
143	130	170
− 47	− 62	− 75

④ 151 − 54   ⑤ 110 − 36   ⑥ 160 − 69

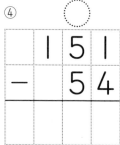
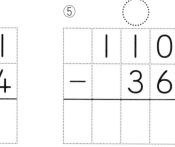

②

① 105 − 78   ② 100 − 53   ③ 100 − 8

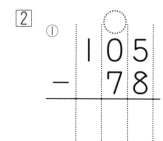

④ 103 − 86   ⑤ 100 − 49   ⑥ 100 − 4

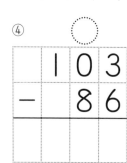
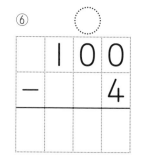

44

たし算と ひき算の ひっ算 (11)

ひき算（くり下がり2回）

名前 _____

① 174 − 96

② 147 − 68

③ 100 − 7

④ 112 − 34

⑤ 102 − 97

⑥ 161 − 76

⑦ 100 − 88

⑧ 124 − 57

⑨ 140 − 59

⑩ 136 − 68

たし算と ひき算の ひっ算 (12)

ひき算（くり下がり1回・2回）

名前 _____

① 106 − 19

② 152 − 75

③ 119 − 64

④ 134 − 55

⑤ 108 − 32

⑥ 163 − 78

⑦ 120 − 44

⑧ 146 − 87

● 答えの大きい方を通ってゴールまで行きましょう。通った答えを下の□に書きましょう。

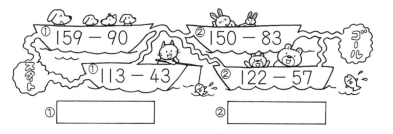

① 159 − 90　② 150 − 83　① 113 − 43　② 122 − 57

①　　　　　②

たし算と ひき算の ひっ算 (13)

名前

1　ゆうきさんは きのう 本を 58ページ, 今日は
76ページ 読みました。きのうと 今日で
あわせて 何ページ 読みましたか。

しき

答え ＿＿＿＿＿＿＿＿＿＿

2　ほのかさんは 180円 もっています。
95円の キャラメルを 買いました。
のこりは いくらに なりますか。

しき

答え ＿＿＿＿＿＿＿＿＿＿

3　ちゅう車じょうに 車が 104台 とまっています。
そのうち 16台が バスで, そのほかは
じょうよう車です。じょうよう車は
何台ですか。

しき

答え ＿＿＿＿＿＿＿＿＿＿

たし算と ひき算の ひっ算 (14)

名前

1　公園に 赤い チューリップが 122本, 白い
チューリップが 78本 さいています。
　どちらの チューリップが 何本 多い
ですか。

しき

答え ＿＿＿＿＿＿＿＿＿＿

2　電車に 87人 のっています。つぎの
えきで 34人 のってきました。
　電車に のっている 人は 何人ですか。

しき

答え ＿＿＿＿＿＿＿＿＿＿

3　ぼくじょうに ひつじが 95とう
います。牛は ひつじより 15とう
多いです。牛は 何とうですか。

しき

答え ＿＿＿＿＿＿＿＿＿＿

たし算と ひき算の ひっ算 (15)

名前

● あみだくじです。計算を して 魚に 答えを 書きましょう

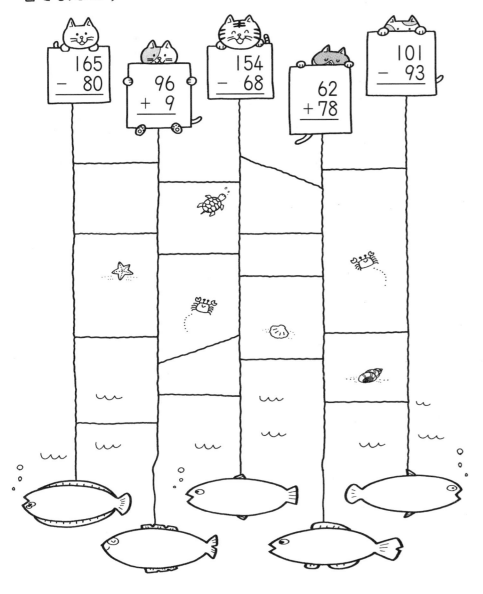

たし算と ひき算の ひっ算 (16)

名前

● 答えの 大きい 方へ すすみましょう。通った 方の 答えを □に 書きましょう。

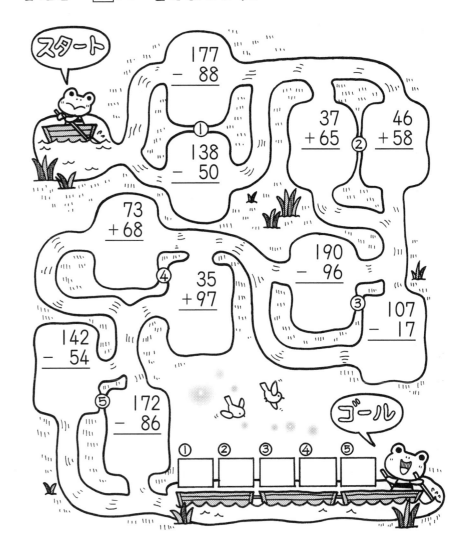

ふりかえりテスト たし算とひき算のひっ算

名前

1 計算を しましょう。 (6×10)

① 36 + 96

② 72 + 28

③ 87 + 22

④ 69 + 57

⑤ 45 + 86

⑥ 116 − 28

⑦ 100 − 35

⑧ 155 − 94

⑨ 107 − 89

⑩ 141 − 66

2 2年生は ぜんぶで 104人です。そのうち 男の子は 48人です。女の子は 何人ですか。 (13)

しき

答え ____

3 176ページの 本が あります。77ページ 読みました。のこりは 何ページですか。 (13)

しき

答え ____

4 まみさんは おり紙を 86まい もっています。お姉さんは まみさんより 24まい 多く もっています。お姉さんは おり紙を 何まい もっていますか。 (14)

しき

答え ____

1 314 + 53を ひっ算で しましょう。

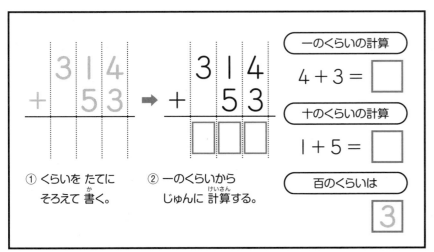

一のくらいの計算
4 + 3 = ☐

十のくらいの計算
1 + 5 = ☐

百のくらいは
3

① くらいを たてに
　そろえて 書く。

② 一のくらいから
　じゅんに 計算する。

2 計算を しましょう。

①
```
  4 0 3
+   9 5
```

②
```
    6 2
+ 5 1 7
```

③
```
  2 5 8
+   4 0
```

④
```
  7 0 6
+     3
```

⑤
```
  8 6 2
+   2 4
```

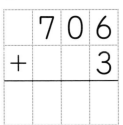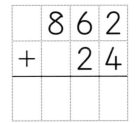

1 256 + 37を ひっ算で しましょう。

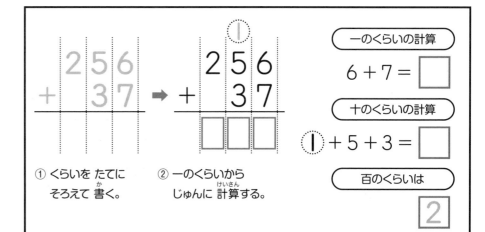

一のくらいの計算
6 + 7 = ☐

十のくらいの計算
①+ 5 + 3 = ☐

百のくらいは
2

① くらいを たてに
　そろえて 書く。

② 一のくらいから
　じゅんに 計算する。

2 計算を しましょう。

①
```
  3 4 9
+   2 8
```

②
```
  5 1 6
+     9
```

③
```
      7
+ 4 0 7
```

④
```
    5 6
+ 2 0 5
```

⑤
```
  8 3 4
+   3 8
```

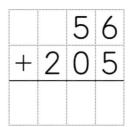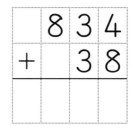

大きい 数の ひっ算 (3)

3けたの 数の ひき算

名前 _____

① 576 − 43を ひっ算で しましょう。

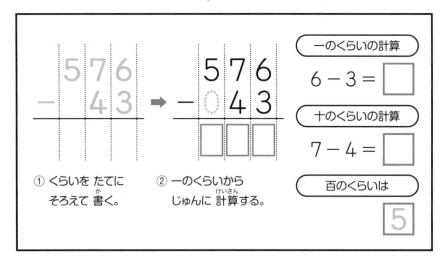

一のくらいの計算
6 − 3 =

十のくらいの計算
7 − 4 =

百のくらいは
5

② 計算を しましょう。

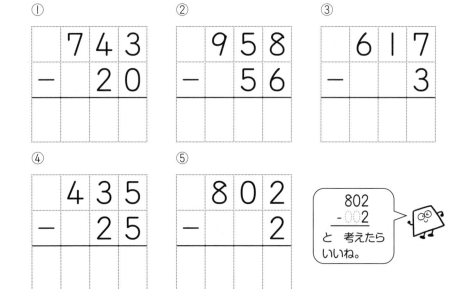

① 743 − 20

② 958 − 56

③ 617 − 3

④ 435 − 25

⑤ 802 − 2

802 − 002 と 考えたら いいね。

大きい 数の ひっ算 (4)

3けたの 数の ひき算

名前 _____

① 452 − 37を ひっ算で しましょう。

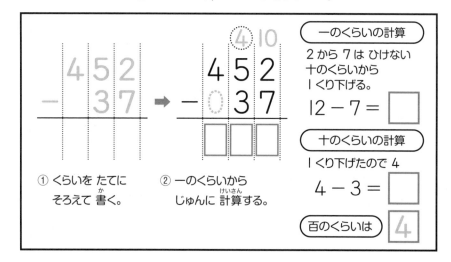

一のくらいの計算
2 から 7は ひけない
十のくらいから
1くり下げる。
12 − 7 =

十のくらいの計算
1くり下げたので 4
4 − 3 =

百のくらいは
4

② 計算を しましょう。

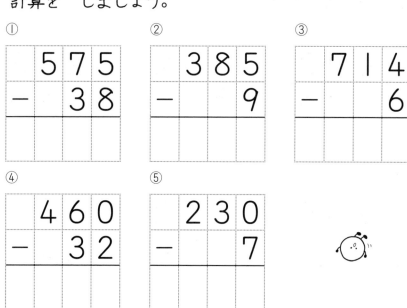

① 575 − 38

② 385 − 9

③ 714 − 6

④ 460 − 32

⑤ 230 − 7

計算のくふう（1）

名前

● クッキーは ぜんぶで 何こ ありますか。
　□に あてはまる 数を 書きましょう。

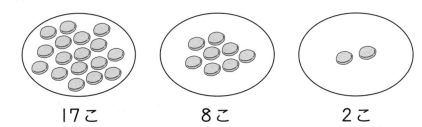

17こ　　　　8こ　　　　2こ

㋐　(17 + 8) + 2 = □ + 2
　　　　　　　　　　= □

㋑　17 + (8 + 2) = 17 + □
　　　　　　　　　　= □

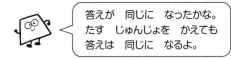
答えが 同じに なったかな。
たす じゅんじょを かえても
答えは 同じに なるよ。

( ) は ひとまとまりを あらわし，先に 計算します。

計算のくふう（2）

名前

● ( )の 中を 先に 計算して 答えを
だしましょう。

① 26 + (7 + 3) = 26 + □
　　　　　　　　 = □

② 38 + (6 + 4) = 38 + □
　　　　　　　　 = □

③ 55 + (18 + 2) = □ + □
　　　　　　　　 = □

④ 24 + (25 + 5) = □ + □
　　　　　　　　 = □

⑤ 19 + (9 + 11) = □ + □
　　　　　　　　 = □

計算のくふう (3)

名前 _____

● くふうして 計算しましょう。

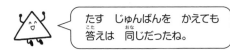

たす じゅんばんを かえても
答えは 同じだったね。

① 6 + [7 + 3] =

② ⑮ + 8 + ⑤ =

③ 9 + 26 + 1 =

④ 28 + 15 + 2 =

⑤ 16 + 36 + 4 =

⑥ 14 + 17 + 3 =

⑦ 38 + 9 + 11 =

⑧ 12 + 17 + 8 =

しきの 中から
たして 10や
20に なる
2つの 数を
見つけよう。

計算のくふう (4)

名前 _____

● 公園で，男の子が 18人と 女の子が 15人 あそんで います。あとから 女の子が 5人 きました。公園には みんなで 何人 いますか。

① （ ）を つかって 女の子の 人数を 先に 計算する しきを 書きましょう。

しき

② 計算して 答えを もとめましょう。

答え _____

● あわせて 30になる 2つの 数を見つけて ◯で かこみましょう。

| 16 12 |
| 4 14 |

| 13 19 |
| 11 8 |

| 8 26 |
| 22 7 |

三角形と 四角形 （1）

名前 _____

> ぴんと はった ひものように，まっすぐな 線を，
> 直線（ちょくせん）と いいます。

1 同じ 文字の 点と 点を むすんで，直線を
ひきましょう。

⑦・　　　　　　　　　　　　・⑦

①・　　　　　　　　　　　　・①

⑦・　　　　　　　　・⑦

2 同じ 文字の 点と 点を 直線で むすんで
どうぶつを かこみましょう。

⑦・　　　・⑦　　　①・　　　　・①

・⑦

　　　　　①・　　　・①

⑦

> 3本の 直線で
> かこまれた 形を
> 三角形（さんかくけい）と いいます。

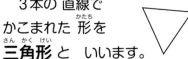

> 4本の 直線で
> かこまれた 形を
> 四角形（しかくけい）と いいます。

三角形と 四角形 （2）

名前 _____

> 三角形（さんかくけい）や 四角形（しかくけい）の かどの 点を ちょう点 といい，
> まわりの 直線（ちょくせん）を へん と いいます。

1 三角形，四角形には ちょう点と へんが，それぞれ
いくつありますか。

① 三角形　　　②　四角形

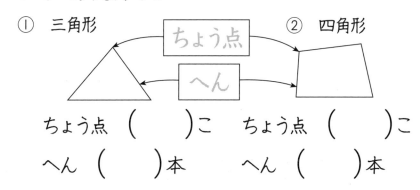

ちょう点 （　　　）こ　　ちょう点 （　　　）こ

へん （　　　）本　　　へん （　　　）本

2 三角形と 四角形を 見つけて，（ ）に 記ごうを
書きましょう。

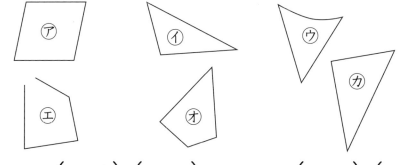

三角形 （　　　）（　　　）　　四角形 （　　　）（　　　）

53

① 2つの へんを かきたして，三角形を かきましょう。

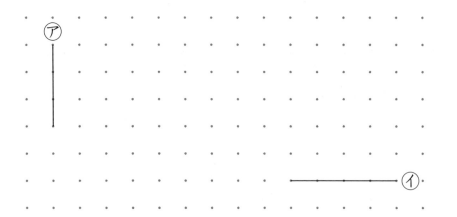

② 3つの へんを かきたして，四角形を かきましょう。

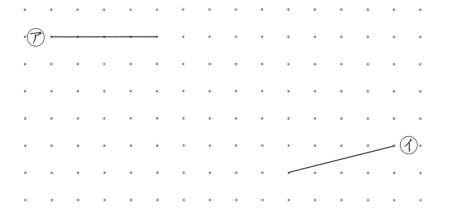

紙を ぴったり かさなるように おって できた かどの 形を，**直角**と いいます。

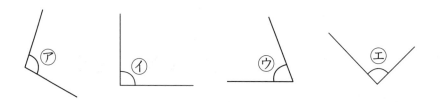

おる。　ぴったり かさなる ように おる。

① 下の 図から 直角を 見つけ，直角の かどを 赤く ぬりましょう。

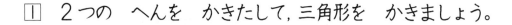

ア　イ　ウ　エ

② 下の 図⑰〜⊐から 直角を 見つけ，直角の かどを 赤く ぬりましょう。

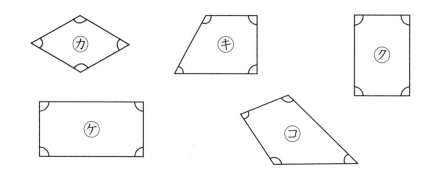

カ　キ　ク　ケ　コ

三角形と 四角形 (5)

名前 _____

> 4つの かどが すべて 直角な 四角形を **長方形** と
> いいます。また, 長方形の むかいあって
> いる へんの 長さは, 同じです。

① 下の 図から 長方形を 2つ えらび, ( )に
記ごうを 書きましょう。

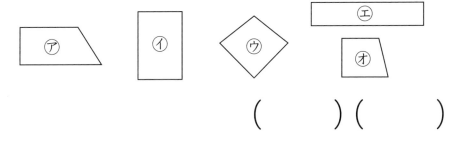

( ) ( )

② のこりの へんを かいて, 長方形を かんせい
させましょう。

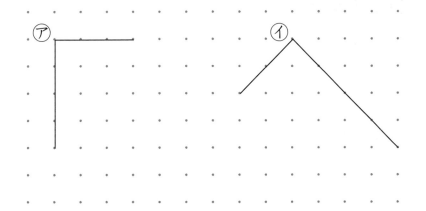

三角形と 四角形 (6)

名前 _____

> 4つの かどが すべて 直角で, 4つの へんの
> 長さも すべて 同じ 四角形を
> **正方形** といいます。

① 下の 図から 正方形を 2つ えらび, ( )に
記ごうを 書きましょう。

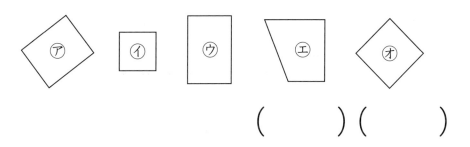

( ) ( )

② のこりの へんを かいて, 正方形を かんせい
させましょう。

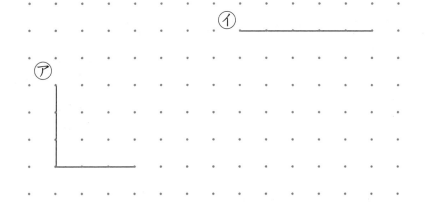

三角形と 四角形 (7)

名前 _____

> 直角の かどの ある 三角形を,
> **直角三角形** と いいます。

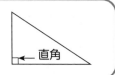
← 直角

1 つぎの 三角形の 中で, 直角三角形は どれですか。
( )に 記ごうを 書きましょう。

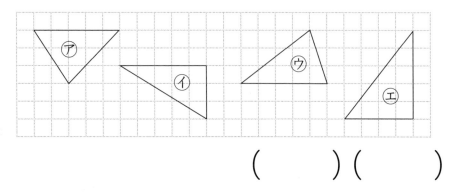

( )( )

2 下の 長方形に 直線を 1本 ひいて,
2つの 直角三角形に 分けてみましょう。

長方形の 直角を
つかったら いいね。

三角形と 四角形 (8)

名前 _____

1 つぎの 大きさの 長方形と 正方形を かきましょう。

① たて 5cm, よこ 4cm の 長方形

② 1つの へんの 長さが 3cm の 正方形

2 直角三角形を
かきましょう。

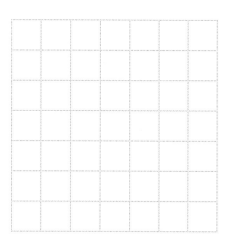

ふりかえりテスト 三角形と 四角形

名前

1 下の 図から 三角形と 四角形を えらび, ( )に 記ごうを 書きましょう。 (5×4)

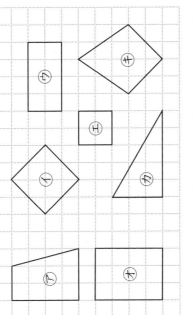

三角形 ( )( )

四角形 ( )( )

2 つぎの ⑦, ⑦, ⑦に あてはまる 図を 線で むすび, ( )に 図の 名まえも 書きましょう。 (5×6)

⑦ 直角の かどの ある 三角形
( )

⑦ 4つの かどが すべて 直角で, 4つの へんの 長さが すべて 同じ 四角形
( )

⑦ 4つの かどが すべて 直角な 四角形
( )

3 下の 図から 長方形, 正方形, 直角三角形を えらび, ( )に 記ごうを 書きましょう。 (5×5)

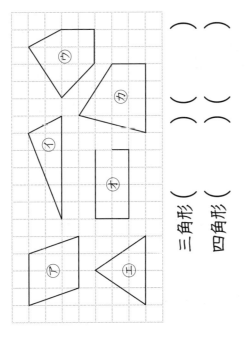

長方形 ( )( )

正方形 ( )( )

直角三角形 ( )

4 つぎの 大きさの 長方形, 正方形を かきましょう。 (8×2)

① たて 4cm, よこ 2cm の 長方形

② 1つの へんの 長さが 2cm の 正方形

1cm
1cm

5 直角三角形を かきましょう。 (9)

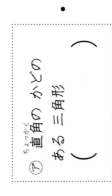

● 絵を 見て ☐にあてはまる 数を 書きましょう。

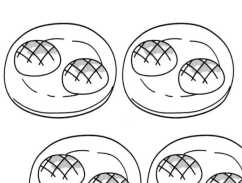

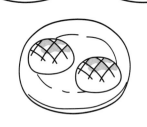

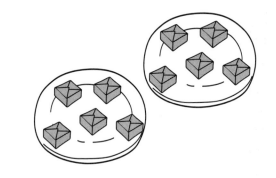

① 1さらに ☐2 こずつ ☐5 さら分で ☐10 こ　③ 1さらに ☐ こずつ ☐ さら分で ☐ こ

② 1さらに ☐ こずつ ☐ さら分で ☐ こ　④ 1さらに ☐ こずつ ☐ さら分で ☐ こ

かけ算 (2)

● 絵を 見て □にあてはまる 数を 書きましょう。

① 1台に □ 人ずつ □ 台分で □ 人　③ 1台に □ 人ずつ □ 台分で □ 人

② 1台に □ 人ずつ □ 台分で □ 人　④ 1台に □ 人ずつ □ 台分で □ 人

かけ算（3）

名前 _____

● 絵を 見て □にあてはまる 数を 書きましょう。

①

りんごが

1かごに □ こずつ □ かご分で □ こ

②

クッキーが

1ふくろに □ こずつ □ ふくろ分で □ こ

③

えんぴつが

1はこに □ 本ずつ □ はこ分で □ 本

かけ算（4）

名前 _____

● つぎの 数だけ 絵を かきましょう。

① ドーナツが

1さらに 2こずつ 4さら分で ぜんぶで 8こ

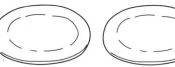   

② あめが

1ふくろに 5こずつ 3ふくろ分で ぜんぶで 15こ

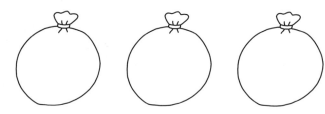

③ みかんが

1かごに 4こずつ 2かご分で ぜんぶで 8こ

● かけ算の しきに 書いて おにぎりの ぜんぶの 数を もとめましょう。

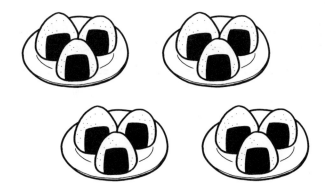

1さらに ３ こずつ ４ さら分で

ぜんぶで □ こ

1さらの
おにぎりの 数

さらの 数

ぜんぶの
おにぎりの 数

しき □ × □ = □

答え □ こ

● かけ算の しきに 書いて ぜんぶの 数を もとめましょう。

① チーズ

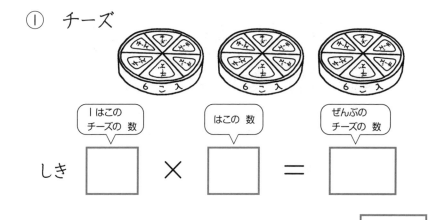

1はこの
チーズの 数

はこの 数

ぜんぶの
チーズの 数

しき □ × □ = □

答え □ こ

② パン

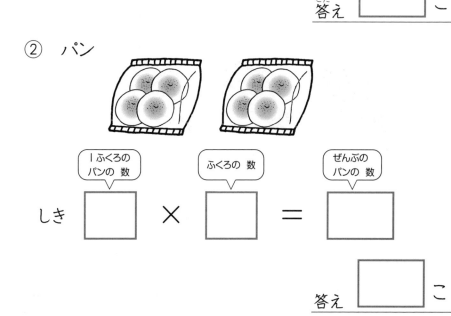

1ふくろの
パンの 数

ふくろの 数

ぜんぶの
パンの 数

しき □ × □ = □

答え □ こ

かけ算（7）

名前 _____

● かけ算の しきに 書いて ぜんぶの 数を
もとめましょう。

① プリン

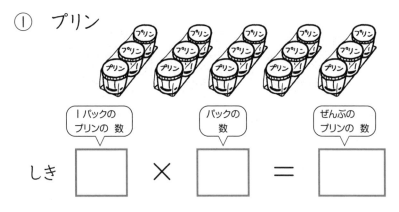

しき 〔 1パックの プリンの 数 〕□ × 〔 パックの 数 〕□ = 〔 ぜんぶの プリンの 数 〕□

答え □ こ

② 花

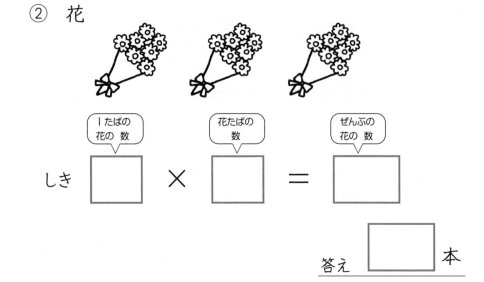

しき 〔 1たばの 花の 数 〕□ × 〔 花たばの 数 〕□ = 〔 ぜんぶの 花の 数 〕□

答え □ 本

かけ算（8）

名前 _____

● かけ算の しきに 書いて ぜんぶの 数を
もとめましょう。

① 金魚

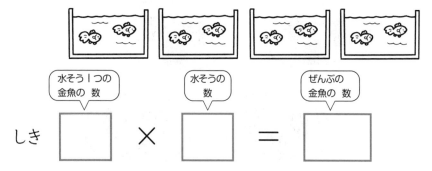

しき 〔 水そう1つの 金魚の 数 〕□ × 〔 水そうの 数 〕□ = 〔 ぜんぶの 金魚の 数 〕□

答え □ ひき

② 子ども

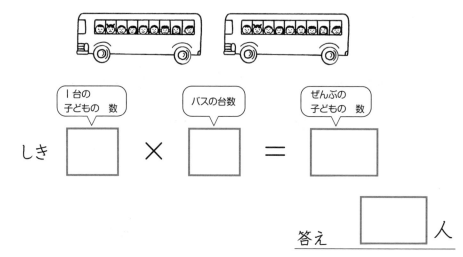

しき 〔 1台の 子どもの 数 〕□ × 〔 バスの台数 〕□ = 〔 ぜんぶの 子どもの 数 〕□

答え □ 人

かけ算（9）

名前 _____

● かけ算の しきに 書いて ぜんぶの 数を
もとめましょう。

① えんぴつ

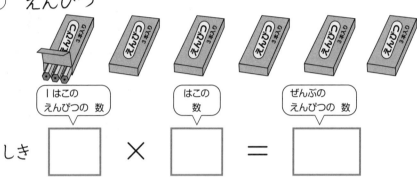

しき [　] × [　] = [　]

答え [　] 本

② たいやき

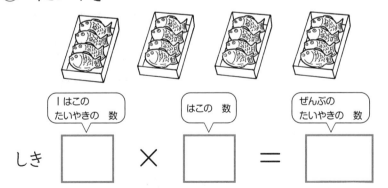

しき [　] × [　] = [　]

答え [　] こ

かけ算（10）

名前 _____

● かけ算の しきに 書いて ぜんぶの 数を
もとめましょう。

① ケーキ

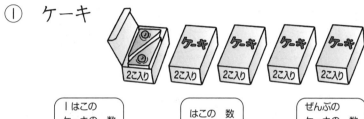

しき [　] × [　] = [　]

答え [　] こ

② おまんじゅう

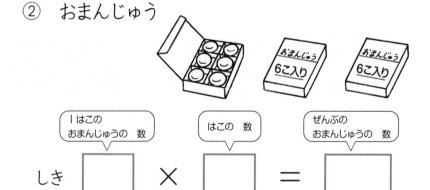

しき [　] × [　] = [　]

答え [　] こ

かけ算（11）

● 絵が あらわす かけ算の しきを えらんで 線で むすびましょう。

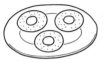  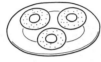  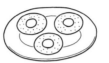 ・   ・ | 5×3 |

    ・   ・ | 4×3 |

     ・   ・ | 3×5 |

   ・   ・ | 3×4 |

かけ算の しきは

1つ分の数 いくつ分

○ × □ だね。

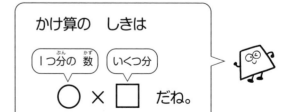

かけ算（12）
5のだん

1ふくろ ふえると
食パンは 5まいずつ
ふえるね。

ご　　　いち が　　ご
$5 \times 1 =$

ご　　　に　　　じゅう
$5 \times 2 =$

ご　　　さん　　じゅうご
$5 \times 3 =$

ご　　　し　　　にじゅう
$5 \times 4 =$

ご　　　ご　　　にじゅうご
$5 \times 5 =$

ご　　　ろく　　さんじゅう
$5 \times 6 =$

ご　　　しち　　さんじゅうご
$5 \times 7 =$

ご　　　は　　　しじゅう
$5 \times 8 =$

ごっ　　く　　　しじゅうご
$5 \times 9 =$

								に　　いち　が　　に $2 \times 1 =$		
								に　　にん　が　　し $2 \times 2 =$		
								に　　さん　が　　ろく $2 \times 3 =$		
								に　　し　が　　はち $2 \times 4 =$		
								に　　ご　　じゅう $2 \times 5 =$		
								に　　ろく　じゅうに $2 \times 6 =$		
								に　　しち　じゅうし $2 \times 7 =$		
								に　　はち　じゅうろく $2 \times 8 =$		
								に　　く　じゅうはち $2 \times 9 =$		

1さら　ふえると　おすしは　いくつずつ　ふえているかな。

かけ算（14）

3のだん

1ふくろ ふえると
りんごは □ こずつ
ふえるね。

さん いち が さん
$3 \times 1 =$ □

さん に が ろく
$3 \times 2 =$ □

さ ざん が く
$3 \times 3 =$ □

さん し じゅうに
$3 \times 4 =$ □

さん ご じゅうご
$3 \times 5 =$ □

さぶ ろく じゅうはち
$3 \times 6 =$ □

さん しち にじゅういち
$3 \times 7 =$ □

さん ぱ にじゅうし
$3 \times 8 =$ □

さん く にじゅうしち
$3 \times 9 =$ □

									し　　いち　が　　し $4 \times 1 =$ ☐
									し　　　　に　が　　はち $4 \times 2 =$ ☐
									し　　　さん　　じゅうに $4 \times 3 =$ ☐
									し　　　　し　　じゅうろく $4 \times 4 =$ ☐
									し　　　ご　　にじゅう $4 \times 5 =$ ☐
									し　　　ろく　　にじゅうし $4 \times 6 =$ ☐
									し　　しち　　にじゅうはち $4 \times 7 =$ ☐
									し　　　は　　さんじゅうに $4 \times 8 =$ ☐
									し　　　く　　さんじゅうろく $4 \times 9 =$ ☐

1はこ　ふえると
シュークリームは ☐ こずつ
ふえるね。

68

かけ算（16）
5のだん・2のだん　名前

① $5 \times 7 =$

② $5 \times 6 =$

③ $5 \times 2 =$

④ $5 \times 3 =$

⑤ $5 \times 8 =$

⑥ $5 \times 9 =$

⑦ $5 \times 4 =$

⑧ $5 \times 5 =$

⑨ $5 \times 1 =$

⑩ $5 \times 7 =$

① $2 \times 2 =$

② $2 \times 6 =$

③ $2 \times 5 =$

④ $2 \times 7 =$

⑤ $2 \times 8 =$

⑥ $2 \times 1 =$

⑦ $2 \times 9 =$

⑧ $2 \times 4 =$

⑨ $2 \times 3 =$

⑩ $2 \times 7 =$

かけ算（17）
3のだん・4のだん　名前

① $3 \times 4 =$

② $3 \times 5 =$

③ $3 \times 2 =$

④ $3 \times 9 =$

⑤ $3 \times 3 =$

⑥ $3 \times 1 =$

⑦ $3 \times 7 =$

⑧ $3 \times 8 =$

⑨ $3 \times 4 =$

⑩ $3 \times 6 =$

① $4 \times 4 =$

② $4 \times 3 =$

③ $4 \times 5 =$

④ $4 \times 7 =$

⑤ $4 \times 9 =$

⑥ $4 \times 2 =$

⑦ $4 \times 8 =$

⑧ $4 \times 3 =$

⑨ $4 \times 1 =$

⑩ $4 \times 6 =$

かけ算（18）

2のだん〜5のだん

名前 _____

① 5 × 4 =　　② 5 × 7 =　　③ 2 × 7 =

④ 2 × 5 =　　⑤ 2 × 9 =　　⑥ 4 × 3 =

⑦ 4 × 9 =　　⑧ 2 × 6 =　　⑨ 3 × 8 =

⑩ 3 × 4 =　　⑪ 4 × 7 =　　⑫ 5 × 6 =

⑬ 4 × 8 =　　⑭ 3 × 6 =　　⑮ 3 × 9 =

⑯ 3 × 7 =　　⑰ 5 × 9 =　　⑱ 5 × 5 =

⑲ 2 × 8 =　　⑳ 4 × 4 =　　㉑ 3 × 5 =

㉒ 5 × 3 =　　㉓ 5 × 8 =　　㉔ 4 × 6 =

㉕ 3 × 3 =

● 答えの大きい方を通ってゴールまで行きましょう。通った答えを下の□に書きましょう。

かけ算（19）

2のだん〜5のだん

名前 _____

① 4 × 7 =　　② 5 × 6 =　　③ 2 × 3 =

④ 2 × 7 =　　⑤ 4 × 9 =　　⑥ 3 × 7 =

⑦ 5 × 8 =　　⑧ 3 × 2 =　　⑨ 4 × 4 =

⑩ 4 × 1 =　　⑪ 2 × 5 =　　⑫ 2 × 1 =

⑬ 3 × 6 =　　⑭ 4 × 3 =　　⑮ 5 × 5 =

⑯ 5 × 2 =　　⑰ 2 × 4 =　　⑱ 2 × 2 =

⑲ 3 × 1 =　　⑳ 3 × 4 =　　㉑ 4 × 6 =

㉒ 4 × 8 =　　㉓ 5 × 3 =　　㉔ 3 × 9 =

㉕ 2 × 8 =　　㉖ 3 × 3 =　　㉗ 5 × 7 =

㉘ 5 × 4 =　　㉙ 4 × 5 =　　㉚ 2 × 9 =

㉛ 4 × 2 =　　㉜ 2 × 6 =　　㉝ 5 × 1 =

㉞ 3 × 5 =　　㉟ 5 × 9 =　　㊱ 3 × 8 =

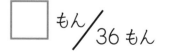

かけ算（20）
6 のだん

ろく　　いち　が　　ろく
6 × 1 = ☐

ろく　　　に　　　じゅうに
6 × 2 = ☐

ろく　　さん　　じゅうはち
6 × 3 = ☐

ろく　　　し　　　にじゅうし
6 × 4 = ☐

ろく　　　ご　　　さんじゅう
6 × 5 = ☐

ろく　　ろく　　さんじゅうろく
6 × 6 = ☐

ろく　　しち　　しじゅうに
6 × 7 = ☐

ろく　　　は　　　しじゅうはち
6 × 8 = ☐

ろっ　　　く　　　ごじゅうし
6 × 9 = ☐

1 さら　ふえると
たこやきは ☐ こずつ
ふえるね。

									しち　　　いち　が　　しち　7 × 1 = ☐
									しち　　　に　　　じゅうし　7 × 2 = ☐
									しち　　　さん　　にじゅういち　7 × 3 = ☐
									しち　　　し　　にじゅうはち　7 × 4 = ☐
									しち　　　ご　　さんじゅうご　7 × 5 = ☐
									しち　　　ろく　　しじゅうに　7 × 6 = ☐
									しち　　　しち　　しじゅうく　7 × 7 = ☐
									しち　　　は　　ごじゅうろく　7 × 8 = ☐
									しち　　　く　　ろくじゅうさん　7 × 9 = ☐

1はこ　ふえると　クレヨンは　☐本ずつ　ふえるね。

72

名
前

はち　　　いち　が　　はち
8 × 1 = ☐

はち　　　に　　　じゅうろく
8 × 2 = ☐

はち　　　さん　　にじゅうし
8 × 3 = ☐

1かご　ふえると
みかんは ☐ こずつ
ふえるね。

はち　　　し　　　さんじゅうに
8 × 4 = ☐

はち　　　ご　　　しじゅう
8 × 5 = ☐

はち　　　ろく　　しじゅうはち
8 × 6 = ☐

はち　　　しち　　ごじゅうろく
8 × 7 = ☐

はっ　　　ぱ　　　ろくじゅうし
8 × 8 = ☐

はっ　　　く　　　しちじゅうに
8 × 9 = ☐

1 まい　ふえると
シールは □ こずつ
ふえるね。

	く	いち	が	く
	9	×	1	= □

	く	に		じゅうはち
	9	×	2	= □

	く	さん		にじゅうしち
	9	×	3	= □

	く	し		さんじゅうろく
	9	×	4	= □

	く	ご		しじゅうご
	9	×	5	= □

	く	ろく		ごじゅうし
	9	×	6	= □

	く	しち		ろくじゅうさん
	9	×	7	= □

	く	は		しちじゅうに
	9	×	8	= □

	く	く		はちじゅういち
	9	×	9	= □

かけ算（24）
1 のだん

名前 _____

$1 \times 1 = 1$ 　一　一　が　1

$1 \times 2 = 2$ 　一　二　が　2

$1 \times 3 = 3$ 　一　三　が　3

$1 \times 4 = 4$ 　一　四　が　4

$1 \times 5 = 5$ 　一　五　が　5

$1 \times 6 = 6$ 　一　六　が　6

$1 \times 7 = 7$ 　一　七　が　7

$1 \times 8 = 8$ 　一　八　が　8

$1 \times 9 = 9$ 　一　九　が　9

① $1 \times 5 =$

② $1 \times 8 =$

③ $1 \times 3 =$

④ $1 \times 6 =$

⑤ $1 \times 9 =$

⑥ $1 \times 2 =$

⑦ $1 \times 4 =$

⑧ $1 \times 7 =$

⑨ $1 \times 1 =$

かけ算（25）
6 のだん・7 のだん

名前 _____

① $6 \times 3 =$

② $6 \times 7 =$

③ $6 \times 9 =$

④ $6 \times 1 =$

⑤ $6 \times 5 =$

⑥ $6 \times 4 =$

⑦ $6 \times 8 =$

⑧ $6 \times 6 =$

⑨ $6 \times 2 =$

⑩ $6 \times 7 =$

① $7 \times 1 =$

② $7 \times 6 =$

③ $7 \times 2 =$

④ $7 \times 8 =$

⑤ $7 \times 5 =$

⑥ $7 \times 4 =$

⑦ $7 \times 9 =$

⑧ $7 \times 3 =$

⑨ $7 \times 6 =$

⑩ $7 \times 7 =$

① 8 × 6 =

② 8 × 9 =

③ 8 × 7 =

④ 8 × 3 =

⑤ 8 × 5 =

⑥ 8 × 8 =

⑦ 8 × 1 =

⑧ 8 × 4 =

⑨ 8 × 2 =

⑩ 8 × 7 =

① 9 × 1 =

② 9 × 6 =

③ 9 × 5 =

④ 9 × 2 =

⑤ 9 × 8 =

⑥ 9 × 4 =

⑦ 9 × 7 =

⑧ 9 × 9 =

⑨ 9 × 6 =

⑩ 9 × 3 =

① 9 × 9 =

② 7 × 6 =

③ 9 × 4 =

④ 6 × 5 =

⑤ 9 × 8 =

⑥ 6 × 6 =

⑦ 7 × 7 =

⑧ 6 × 8 =

⑨ 8 × 9 =

⑩ 9 × 6 =

⑪ 7 × 5 =

⑫ 8 × 5 =

⑬ 8 × 8 =

⑭ 8 × 7 =

⑮ 7 × 8 =

⑯ 8 × 4 =

⑰ 7 × 9 =

⑱ 8 × 6 =

⑲ 7 × 4 =

⑳ 9 × 7 =

㉑ 9 × 3 =

㉒ 6 × 9 =

㉓ 6 × 4 =

㉔ 6 × 7 =

㉕ 7 × 3 =

● 答えの大きい方を通ってゴールまで行きましょう。通った答えを下の□に書きましょう。

① 　　　　　② 　　　　　③

かけ算（28）
6 のだん ～ 9 のだん

名前 _____

① $6 \times 6 =$ 　② $6 \times 1 =$ 　③ $8 \times 4 =$

④ $7 \times 1 =$ 　⑤ $8 \times 3 =$ 　⑥ $9 \times 4 =$

⑦ $9 \times 7 =$ 　⑧ $9 \times 8 =$ 　⑨ $8 \times 7 =$

⑩ $7 \times 8 =$ 　⑪ $6 \times 8 =$ 　⑫ $6 \times 5 =$

⑬ $6 \times 2 =$ 　⑭ $8 \times 2 =$ 　⑮ $9 \times 1 =$

⑯ $7 \times 3 =$ 　⑰ $6 \times 4 =$ 　⑱ $7 \times 6 =$

⑲ $8 \times 5 =$ 　⑳ $9 \times 2 =$ 　㉑ $8 \times 1 =$

㉒ $9 \times 3 =$ 　㉓ $6 \times 9 =$ 　㉔ $7 \times 2 =$

㉕ $6 \times 3 =$ 　㉖ $9 \times 9 =$ 　㉗ $6 \times 7 =$

㉘ $9 \times 6 =$ 　㉙ $7 \times 4 =$ 　㉚ $8 \times 9 =$

㉛ $7 \times 5 =$ 　㉜ $7 \times 9 =$ 　㉝ $7 \times 7 =$

㉞ $8 \times 8 =$ 　㉟ $9 \times 5 =$ 　㊱ $8 \times 6 =$

　□ もん／36 もん

かけ算（29）
1 のだん ～ 9 のだん

名前 _____

① $5 \times 8 =$ 　② $9 \times 1 =$ 　③ $2 \times 5 =$

④ $8 \times 7 =$ 　⑤ $6 \times 4 =$ 　⑥ $5 \times 9 =$

⑦ $3 \times 9 =$ 　⑧ $4 \times 7 =$ 　⑨ $3 \times 4 =$

⑩ $1 \times 8 =$ 　⑪ $9 \times 4 =$ 　⑫ $8 \times 3 =$

⑬ $6 \times 2 =$ 　⑭ $2 \times 8 =$ 　⑮ $3 \times 6 =$

⑯ $7 \times 7 =$ 　⑰ $7 \times 2 =$ 　⑱ $7 \times 6 =$

⑲ $8 \times 8 =$ 　⑳ $5 \times 3 =$ 　㉑ $4 \times 4 =$

㉒ $6 \times 7 =$ 　㉓ $9 \times 5 =$ 　㉔ $1 \times 3 =$

㉕ $4 \times 8 =$

かけ算（30）
1のだん～9のだん　名前

① 4 × 3 =　　② 4 × 6 =　　③ 8 × 6 =

④ 2 × 7 =　　⑤ 7 × 9 =　　⑥ 9 × 3 =

⑦ 8 × 4 =　　⑧ 6 × 8 =　　⑨ 1 × 6 =

⑩ 2 × 3 =　　⑪ 2 × 1 =　　⑫ 6 × 6 =

⑬ 5 × 5 =　　⑭ 3 × 8 =　　⑮ 7 × 4 =

⑯ 4 × 9 =　　⑰ 1 × 9 =　　⑱ 5 × 2 =

⑲ 6 × 3 =　　⑳ 5 × 7 =　　㉑ 7 × 8 =

㉒ 8 × 2 =　　㉓ 9 × 3 =　　㉔ 3 × 5 =

㉕ 9 × 7 =

● 答えの大きい方を通ってゴールまで行きましょう。通った答えを下の□に書きましょう。

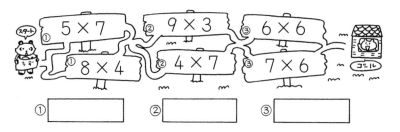

かけ算（31）
1のだん～9のだん　名前

① 6 × 5 =　　② 4 × 5 =　　③ 9 × 3 =

④ 4 × 9 =　　⑤ 9 × 6 =　　⑥ 8 × 5 =

⑦ 3 × 7 =　　⑧ 3 × 3 =　　⑨ 6 × 1 =

⑩ 2 × 4 =　　⑪ 8 × 6 =　　⑫ 5 × 4 =

⑬ 5 × 6 =　　⑭ 4 × 2 =　　⑮ 7 × 3 =

⑯ 1 × 5 =　　⑰ 7 × 4 =　　⑱ 6 × 8 =

⑲ 9 × 9 =　　⑳ 3 × 5 =　　㉑ 3 × 2 =

㉒ 2 × 6 =　　㉓ 8 × 9 =　　㉔ 6 × 9 =

㉕ 7 × 5 =

● 答えの大きい方を通ってゴールまで行きましょう。通った答えを下の□に書きましょう。

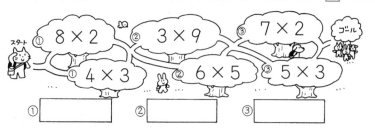

かけ算（32）
ばいと かけ算

名前 _____

● 2cmの テープの 2ばい, 3ばい, 4ばい,
  5ばいの 長さに ついて 答えましょう。

① それぞれの テープに 色を ぬりましょう。

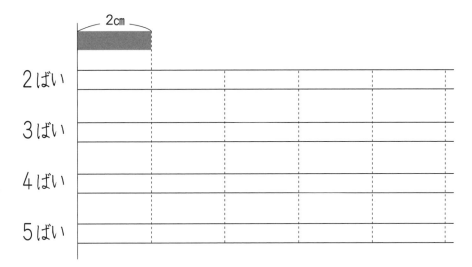

② それぞれの テープの 長さを もとめましょう。

2ばい　2 × [2] = [　]　_____ cm

3ばい　2 × [　] = [　]　_____ cm

4ばい　[　] × [　] = [　]　_____ cm

5ばい　[　] × [　] = [　]　_____ cm

かけ算（33）
ばいと かけ算

名前 _____

① 3cmの テープの 5ばいの 長さを かけ算の
  しきに 書いて もとめましょう。

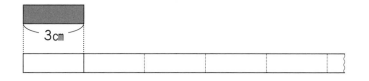

しき [　] × [　] = [　]

答え [　] cm

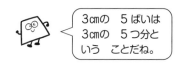
3cmの 5ばいは
3cmの 5つ分と
いう ことだね。

②  の 8ばいの 長さは 何cmですか。

しき [　] × [　] = [　]

答え [　] cm

かけ算（34）
文しょうだい

名前 _____

① 1ふくろに くりが 7こずつ 入っています。
　ふくろは 4ふくろ あります。
　くりは ぜんぶで 何こ ありますか。

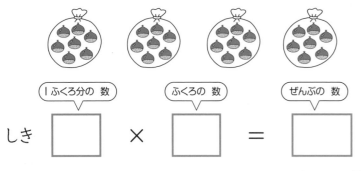

しき　[1ふくろ分の 数] □ × [ふくろの 数] □ = [ぜんぶの 数] □

答え □ こ

② 1台の 車に 6人ずつ のっています。車は
　5台 あります。ぜんぶで 何人 のっていますか。

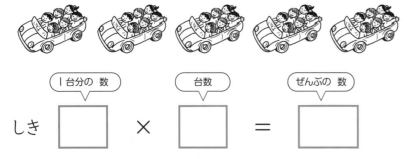

しき　[1台分の 数] □ × [台数] □ = [ぜんぶの 数] □

答え □ 人

かけ算（35）
文しょうだい

名前 _____

① ふくろが 3ふくろ あります。
　1つの ふくろに トマトが 5こずつ 入っています。
　トマトは ぜんぶで 何こ ありますか。

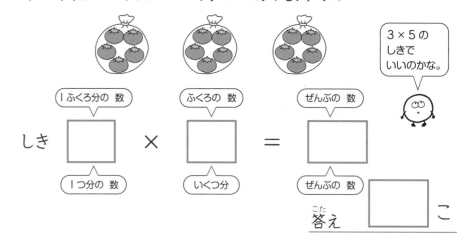

3×5の しきで いいのかな。

しき　[1ふくろ分の 数 / 1つ分の 数] □ × [ふくろの 数 / いくつ分] □ = [ぜんぶの 数 / ぜんぶの 数] □

答え □ こ

② 車が6台 あります。1台に 3人ずつ のっています。
　ぜんぶで 何人 のっていますか。

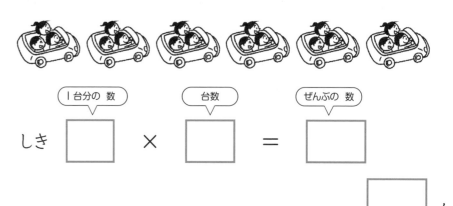

しき　[1台分の 数] □ × [台数] □ = [ぜんぶの 数] □

答え □ 人

かけ算（36）
文しょうだい

名前 _____

① 画用紙を 1人に 3まいずつ
くばります。9人に くばるには 画用紙は
何まい いりますか。

しき

答え _____

② 1日に 計算もんだいを 8もんずつ
ときます。5日間で 何もん ときましたか。

しき

答え _____

③ りかさんは 花を 1人に 5本ずつ
7人の 友だちに あげます。
花は ぜんぶで 何本 いりますか。

しき

答え _____

かけ算（37）
文しょうだい

名前 _____

① 8この うえ木ばちに, チューリップの
きゅうこんを 2こずつ うえます。
きゅうこんは ぜんぶで 何こ いりますか。

しき

答え _____

② 7人の 子どもに クッキーを
6こずつ くばります。クッキーは
ぜんぶで 何こ いりますか。

しき

答え _____

③ 6チームで やきゅうの しあいを します。
1チームは 9人です。ぜんぶで 何人ですか。

しき

答え _____

かけ算（38）
文しょうだい

名前

① たけるさんは 毎日 6dLの 牛にゅうを
のみます。8日間で，何dL のむことに
なりますか。

しき

答え _____

② ゆきなさんは，7人の 友だちに カップ
ケーキを 1こずつ 作って プレゼントします。
　ケーキは ぜんぶで 何こ いりますか。

しき

答え _____

③ いすを 1れつ 4きゃくずつ 8れつ
ならべました。いすは ぜんぶで 何きゃく
ありますか。

しき

答え _____

かけ算（39）
文しょうだい

名前

① 1こ 8円の あめを 9こ 買います。
ぜんぶで 何円ですか。

しき

答え _____

② ひろとさんは おもちゃの 車を 2だい
作ります。1だいに タイヤを 4こずつ
つけます。タイヤは ぜんぶで 何こ いりますか。

しき

答え _____

③ 3cmの あつさの 本を 5さつ
つむと，ぜんぶで 何cmに なりますか。

しき

答え _____

かけ算（40）

1のだん～9のだん　40もん

名前 _____

① $1 \times 1 =$　　② $5 \times 5 =$　　③ $6 \times 9 =$

④ $2 \times 6 =$　　⑤ $8 \times 2 =$　　⑥ $4 \times 1 =$

⑦ $2 \times 8 =$　　⑧ $5 \times 9 =$　　⑨ $7 \times 5 =$

⑩ $1 \times 8 =$　　⑪ $9 \times 8 =$　　⑫ $7 \times 8 =$

⑬ $3 \times 3 =$　　⑭ $9 \times 1 =$　　⑮ $5 \times 6 =$

⑯ $1 \times 2 =$　　⑰ $6 \times 4 =$　　⑱ $8 \times 5 =$

⑲ $2 \times 3 =$　　⑳ $4 \times 8 =$　　㉑ $7 \times 1 =$

㉒ $3 \times 6 =$　　㉓ $9 \times 9 =$　　㉔ $8 \times 3 =$

㉕ $1 \times 9 =$　　㉖ $9 \times 2 =$　　㉗ $4 \times 5 =$

㉘ $6 \times 6 =$　　㉙ $7 \times 7 =$　　㉚ $1 \times 4 =$

㉛ $9 \times 6 =$　　㉜ $2 \times 1 =$　　㉝ $4 \times 3 =$

㉞ $8 \times 8 =$　　㉟ $3 \times 5 =$　　㊱ $5 \times 2 =$

㊲ $3 \times 9 =$　　㊳ $7 \times 3 =$　　㊴ $6 \times 8 =$

㊵ $9 \times 4 =$

もん／40もん

かけ算（41）

1のだん～9のだん　41もん

名前 _____

① $3 \times 8 =$　　② $6 \times 2 =$　　③ $4 \times 4 =$

④ $1 \times 6 =$　　⑤ $2 \times 5 =$　　⑥ $7 \times 6 =$

⑦ $8 \times 1 =$　　⑧ $5 \times 3 =$　　⑨ $4 \times 6 =$

⑩ $3 \times 1 =$　　⑪ $6 \times 3 =$　　⑫ $8 \times 6 =$

⑬ $5 \times 7 =$　　⑭ $8 \times 4 =$　　⑮ $1 \times 3 =$

⑯ $7 \times 4 =$　　⑰ $9 \times 3 =$　　⑱ $2 \times 7 =$

⑲ $6 \times 1 =$　　⑳ $2 \times 4 =$　　㉑ $8 \times 7 =$

㉒ $5 \times 1 =$　　㉓ $3 \times 2 =$　　㉔ $7 \times 9 =$

㉕ $1 \times 5 =$　　㉖ $6 \times 7 =$　　㉗ $9 \times 7 =$

㉘ $4 \times 2 =$　　㉙ $4 \times 9 =$　　㉚ $5 \times 4 =$

㉛ $1 \times 7 =$　　㉜ $8 \times 9 =$　　㉝ $3 \times 4 =$

㉞ $4 \times 7 =$　　㉟ $2 \times 2 =$　　㊱ $5 \times 8 =$

㊲ $6 \times 5 =$　　㊳ $2 \times 9 =$　　㊴ $9 \times 5 =$

㊵ $3 \times 7 =$　　㊶ $7 \times 2 =$

もん／41もん

九九の ひょうと きまり (1)

● 九九の ひょうを 見て, もんだいに 答えましょう。

① 九九の ひょうの あいて いる ところを うめて 九九の ひょうを かんせい させましょう。

かける数

かけられる数 \ かける数	1	2	3	4	5	6	7	8	9
1	1	2	3	4	5	6	7	8	9
2	2	4	6	8	10	12	14	16	
3	3	6	9	12			21	24	
4	4	8	12		20	24			36
5	5	10		20	25		35	40	45
6	6	12		24		36	42	48	54
7	7	14	21		35		49	56	63
8	8	16		32	40	48		64	72
9	9	18	27	36	45		63	72	81

② □に あてはまる 数を 書きましょう。

① 4のだんでは, かける数が 1ふえると 答えは □ ふえます。

② 7のだんでは, かける数が 1ふえると 答えは □ ふえます。

③ 3×5の 答えと □×3の 答えは 同じです。

④ 4×6=4×5+□   ⑤ 8×4=8×3+□

⑥ 6×3=3×□   ⑦ 2×9=□×□

③ 答えが 下の 数に なる 九九を 書きましょう。

あ 12 ( )( )
   ( )( )

い 36 ( )( )
   ( )

84

● 九九の ひょうを 見て, 答えましょう。

| | \multicolumn{12}{c}{かける数} |
かけられる数	1	2	3	4	5	6	7	8	9	10	11	12
1	1	2	3	4	5	6	7	8	9			
2	2	4	6	8	10	12	14	16	18			
3	3	6	9	12	15	18	21	24	27			エ
4	4	8	12	16	20	24	28	32	36			
5	5	10	15	20	25	30	35	40	45	ウ		
6	6	12	18	24	30	36	42	48	54			
7	7	14	21	28	35	42	49	56	63			
8	8	16	24	32	40	48	56	64	72			
9	9	18	27	36	45	54	63	72	81			
10		ア										
11				イ								

① □に あてはまる 数や ことばを 書きましょう。

① かける数が 1ふえると 答えは 　□　だけ ふえます。

② 8のだんでは, かける数が 1ふえると 答えは □ ふえます。

③ かけ算では, かける数と 　□　を 入れかえて 計算しても 答えは 同じです。

② ㋐〜㋓に 入る 数を もとめる しきを 書きましょう。

㋐ (10×2)　㋑ (　　　　　　)
㋒ (　　　　　　)　㋓ (　　　　　　)

③ ㋐〜㋓に 入る 数を 書きましょう。

㋐ (　　　　)　㋑ (　　　　　　)
㋒ (　　　　)　㋓ (　　　　　　)

10000 までの 数 （1）

名前 _____

● つぎの 数を [　　] に 書きましょう。

①

千のくらい	百のくらい	十のくらい	一のくらい
4	5	3	8

1000、100、10、①が それぞれ いくつ あるかな?

②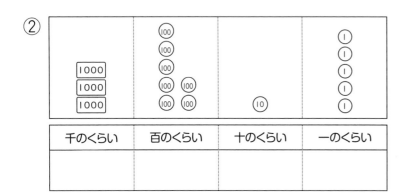

千のくらい	百のくらい	十のくらい	一のくらい

③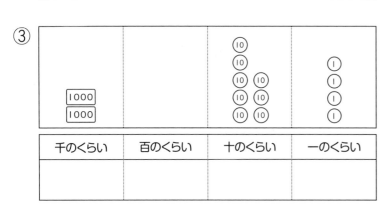

千のくらい	百のくらい	十のくらい	一のくらい

10000 までの 数 （2）

名前 _____

● つぎの 数を [　　] に 書きましょう。

①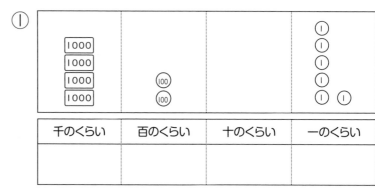

千のくらい	百のくらい	十のくらい	一のくらい

②

千のくらい	百のくらい	十のくらい	一のくらい

③

千のくらい	百のくらい	十のくらい	一のくらい

10000 までの 数 (3)

名前 _____

1 数字で 書きましょう。

① 七千二百五十八

千	百	十	一

(　　　　　　　)

② 六千百三十

千	百	十	一

(　　　　　　　)

③ 二千九十

千	百	十	一

(　　　　　　　)

④ 五千六

千	百	十	一

(　　　　　　　)

2 □に あてはまる 数を 書きましょう。

① 千のくらいが 4, 百のくらいが 8, 十のくらいが 0, 一のくらいが 3の 数は _____ です。

千	百	十	一

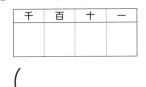

② 千のくらいが 8, 百のくらいが 0, 十のくらいが 6, 一のくらいが 0の 数は _____ です。

千	百	十	一

10000 までの 数 (4)

名前 _____

● □に あてはまる 数を 書きましょう。

① 1000を 7こ, 100を 9こ, 10を 1こ, 1を 3こ あわせた 数は _____ です。

千	百	十	一
7	9	1	3

② 1000を 6こ, 10を 8こ あわせた 数は _____ です。

千	百	十	一

③ 1000を 8こ, 100を 1こ, 1を 9こ あわせた 数は _____ です。

千	百	十	一

④ 5704 は, 1000を □こ, 100を □こ, 1を □こ あわせた 数です。

千	百	十	一

⑤ 3020 は, 1000を □こ, 10を □こ あわせた 数です。

千	百	十	一

10000 までの 数 (5)

名前 _____

1 □に 答えを 書きましょう。

① 100を 12こ あつめた 数は いくつですか。

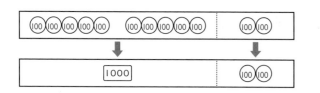

千	百	十	一
1	0	0	
1	2	0	0

② 100を 23こ あつめた 数は いくつですか。

千	百	十	一
1	0	0	
2	3	0	0

2 □に 答えを 書きましょう。

① 1500は 100を 何こ あつめた 数ですか。

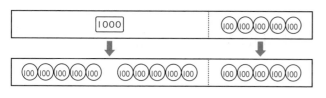

千	百	十	一
1	5	0	0
1		0	0

___ こ

② 3200は 100を 何こ あつめた 数ですか。

___ こ

千	百	十	一
3	2	0	0
1		0	0

10000までの 数 (6)

名前 _____

1 まおさんは, 800円の メロンと 500円の ぶどうを 買いました。 あわせて いくらですか。

しき □ + □ = □

答え _____

2 ゆうとさんは 700円 もっています。
200円の りんごを 買うと いくら のこりますか。

しき □ - □ = □

答え _____

3 計算を しましょう。

① 700 + 600 =   ② 400 + 800 =

③ 300 + 700 =   ④ 800 - 500 =

⑤ 900 - 300 =   ⑥ 1000 - 600 =

10000 までの 数 (7)

1 下の 数の線を 見て ☐ に あてはまる 数を 書きましょう。

① 10000 (一万) は, 1000 を ☐ こ あつめた 数です。

② 10000 は, 100 を ☐ こ あつめた 数です。

③ 10000 より 1 小さい 数は ☐ です。

④ 10000 より 10 小さい 数は ☐ です。

⑤ 10000 より 1000 小さい 数は ☐ です。

2 つぎの 数を ⑦の ように 下の 数の線に ↑で 書き入れましょう。

⑦ 4200　　① 6800　　⑦ 9500

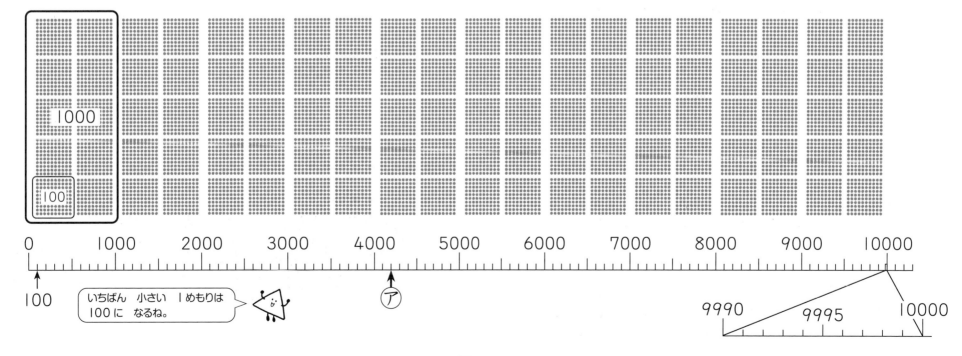

いちばん 小さい 1めもりは 100に なるね。

10000 までの 数 (8)

名前 _____

1 ☐に あてはまる 数を 書きましょう。

① 4800 — 4900 — ☐ — 5100 — ☐

② 8990 — ☐ — 9010 — 9020 — ☐

③ 9996 — ☐ — 9998 — 9999 — ☐

④ 9600 — ☐ — ☐ — 9900 — 10000

2 ☐に あてはまる 数を 書きましょう。

① ☐ ☐ ☐

3000 4000 ↓ 6000 7000 ↓ 9000 ↓

② ☐ ☐ ☐

5500 5600 ↓ 5800 5900 ↓ 6100 ↓

③ ☐ ☐ ☐

6500 7000 ↓ 8000 8500 ↓ ↓ 10000

10000 までの 数 (9)

名前 _____

● ☐に あてはまる >，<を書きましょう。

① 6980 ☐ 7005

② 5360 ☐ 5190

③ 7046 ☐ 7064

④ 4207 ☐ 4200

⑤ 8098 ☐ 8102

上の くらいから
じゅんに くらべてみよう。

	千	百	十	一
①	6	9	8	0
	7	0	0	5
②				
③				
④				
⑤				

● 数の大きい方を通ってゴールまで行きましょう。通った数に○をしましょう。

① 9999 ② 3008 ③ 5204 ④ 9560
① 10000 ② 3010 ③ 599 ④ 9650
スタート ゴール

名前 ____

1 つぎの 数を □に 書きましょう。(4×3)

①
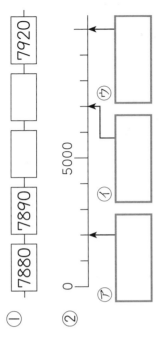

千のくらい	百のくらい	十のくらい	一のくらい
1000 1000 1000 1000		⑩	① ① ① ① ①

② 三千七

③ 五千二百九

2 □に あてはまる 数を 書きましょう。(5×5)

① 1000を 6こと 1を 4こ あわせた 数は □です。

② 100を 26こ あつめた 数は □です。

③ 3800は、100を □こ あつめた数です。

④ 10000は、1000を □こ あつめた数です。

⑤ 10000は、100を □こ あつめた数です。

3 □に あてはまる 数を 書きましょう。(4×7)

① 7880 7890 □ □ □ 7920

②
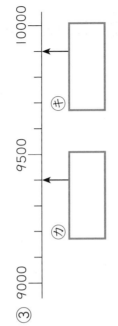

③

4 □に あてはまる >、<を 書きましょう。(5×3)

① 3005 □ 3050

② 4112 □ 4121

③ 8326 □ 8324

5 計算を しましょう。(5×4)

① 800＋600

② 600＋400

③ 900－700

④ 1000－500

長い ものの 長さの たんい （1）

名前 _____

> 長いものの 長さを あらわすときは メートル という たんいを
> つかいます。メートルは **1m** と 書き、
> 1mは 100cmです。　　　[1m = 100cm]
>
> **1m**

1 つぎの テープの 長さは 何m何cmですか。
また，何cmですか。

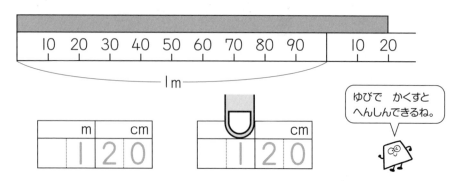

10 20 30 40 50 60 70 80 90	10 20

└────────── 1m ──────────┘

m	cm
1	20

	cm
1	20

> ゆびで かくすと
> へんしんできるね。

2 □に あてはまる 数を 書きましょう。

① 300cm = □ m

m	cm
3	0 0

② 208cm = □ m □ cm

m	cm

③ 1m 75cm = □ cm

m	cm

④ 2m 3cm = □ cm

m	cm

長い ものの 長さの たんい （2）

名前 _____

1 りんさんは リボンを 8m もっています。
お姉さんは リボンを 12m もっています。

① 2人の テープを あわせると 何mですか。

しき

答え _____

② 2人の テープの ちがいは 何mですか。

しき

答え _____

2 計算を しましょう。

① 2m10cm ＋ 1m50cm

m	cm
2	1 0
＋ 1	5 0
3	6 0

② 3m ＋ 2m80cm

m	cm

③ 5m80cm － 60cm

m	cm

④ 2m70cm － 1m40cm

m	cm

長い ものの 長さの たんい (3)

1 95cmの 台_{だい}の 上_{うえ}に, 高さ_{たか} 28cmの
電子_{でんし}レンジを おきました。ぜんたいの
高さは 何_{なん}cmですか。また, 何m何cmですか。

	m	cm
		9 5
+		2 8

しき

答_{こた}え 〔　　〕cm , 〔　　〕m 〔　　〕cm

2 たけるさんの しん長_{ちょう}は 1m18cmで,
お兄さんの しん長は 1m52cmです。
  2人_{にい}の しん長の ちがいは 何cmですか。

	m	cm
	1	5 2
−	1	1 8

しき

答え 　　　　　　　　

3 計算_{けいさん}を しましょう。

① 45cm + 55cm

	m	cm

	m	cm

② 2m36cm + 2m18cm

③ 3m50cm − 1m2cm

	m	cm

	m	cm

④ 1m − 67cm

長い ものの 長さの たんい (4)

1 〔　　〕に あてはまる 数_{かず}を 書_かきましょう。

① 1m = 〔　　〕cm

m	cm	mm
1	0 0	

② 1cm = 〔　　〕mm

m	cm	mm
	1	0

③ 1m = 〔　　〕mm

m	cm	mm
1	0 0	0

④ 5m = 〔　　〕cm

m	cm	mm

⑤ 7m = 〔　　〕mm

m	cm	mm

2 〔　　〕に あてはまる 長さの たんい (m, cm, mm)
を 書きましょう。

① えんぴつの 長さ ………… 16 〔　　〕

② 1円玉の はば ……………… 20 〔　　〕

③ プールの たての 長さ …… 25 〔　　〕

④ 2さいの 弟_{おとうと}の しん長_{ちょう} …… 87 〔　　〕

図を つかって 考えよう (1)　名前 _____

● みかんが 24こ あります。

何こか 買ってきたので 36こに なりました。

買ってきた みかんは 何こですか。

① （　）に あてはまる 数を 書きましょう。

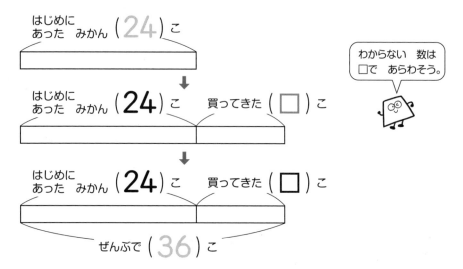

はじめに あった みかん （24）こ

はじめに あった みかん （24）こ　買ってきた （□）こ

はじめに あった みかん （24）こ　買ってきた （□）こ

ぜんぶで （36）こ

わからない 数は □で あらわそう。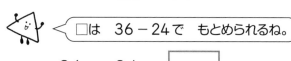

② 買ってきた みかんの 数を もとめましょう。

$$24 + □ = 36$$

□は 36 − 24で もとめられるね。

しき　36 − 24 = ［　　］

答え _____

図を つかって 考えよう (2)　名前 _____

● わからない 数を □ として 図に あらわして、
答えを もとめましょう。

[1] ゆいさんは カードを 18まい もっています。
お姉さんに 何まいか もらったので 27まいに
なりました。お姉さんに 何まい もらいましたか。

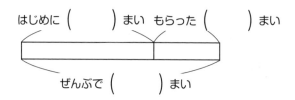

はじめに （　　）まい　もらった （　　）まい

ぜんぶで （　　）まい

しき

答え _____

[2] 公園で 7人 あそんでいます。あとから
何人か 来たので、20人に なりました。
あとから 何人 来ましたか。

はじめに （　　）人　あとから （　　）人

ぜんぶで （　　）人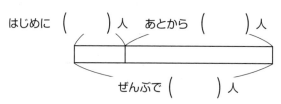

しき

答え _____

図を つかって 考えよう (3)

名前 _____

● 公園に はとが 何羽か います。

12羽 とんで いったので, のこりが 8羽に

なりました。はじめに はとは 何羽 いましたか。

① ( )に あてはまる 数を 書きましょう。

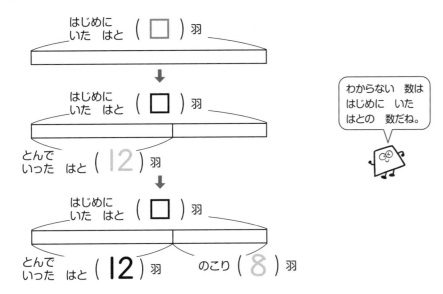

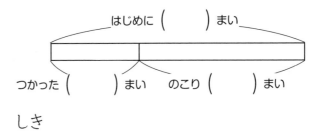

わからない 数は
はじめに いた
はとの 数だね。

② はじめに いた はとの 数を もとめましょう。

$$\square - 12 = 8$$

□は 12 + 8で もとめられるね。

しき 12 + 8 = [ ]

答え _____

図を つかって 考えよう (4)

名前 _____

● わからない 数を □として 図に あらわして,
答えを もとめましょう。

1. おり紙が 何まいか あります。15まい

つかったので, のこりが 28まいに なりました。

はじめに おり紙は 何まい ありましたか。

はじめに ( )まい

つかった ( )まい　のこり ( )まい

しき

答え _____

2. お店で ドーナツを 売っています。46こ

売れたので のこりが 7こに なりました。

はじめに ドーナツは 何こ ありましたか。

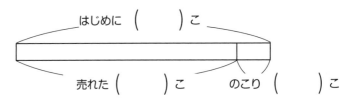

はじめに ( )こ

売れた ( )こ　のこり ( )こ

しき

答え _____

図を つかって 考えよう (5)　名前

● たまごが 16こ あります。何こか
つかったので，のこりが 6こに なりました。
たまごを 何こ つかいましたか。

① （ ）に あてはまる 数を 書きましょう。

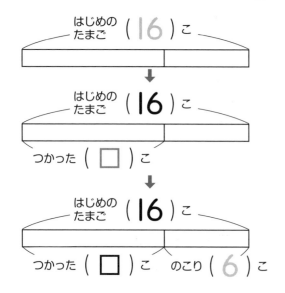

わからない 数は
つかった たまごの
数だね。

② つかった たまごの 数を もとめましょう。

$$16 - \square = 6$$

□は 16−6で もとめられるね。

しき 16−6＝ □

答え _____

図を つかって 考えよう (6)　名前

● わからない 数を □ として 図に あらわして，
答えを もとめましょう。

① みゆさんは くりを 52こ ひろいました。
友だちに 何こか あげたので のこりが 34こに
なりました。何こ あげましたか。

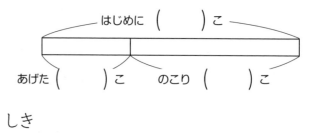

はじめに （ ）こ

あげた （ ）こ　のこり （ ）こ

しき

答え _____

② バスに 40人 のっています。つぎの
バスていで 何人か おりたので，
のこりが 28人に なりました。何人 おりましたか。

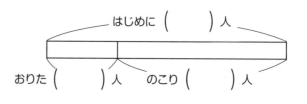

はじめに （ ）人

おりた （ ）人　のこり （ ）人

しき

答え _____

図を つかって 考えよう (7)

名前 _____

● 教室に 何人か います。そこへ 9人 来たので 24人に なりました。はじめに 教室には 何人 いましたか。

① （ ）に あてはまる 数を 書きましょう。

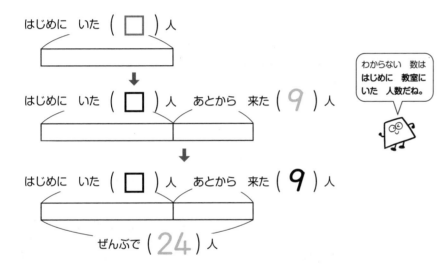

はじめに いた （□）人

↓

はじめに いた （□）人　あとから 来た （9）人

↓

はじめに いた （□）人　あとから 来た （9）人

ぜんぶで （24）人

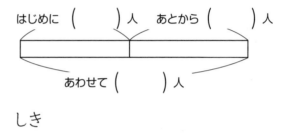

わからない 数は はじめに 教室に いた 人数だね。

② はじめに 教室に いた 人数を もとめましょう。

$$□ + 9 = 24$$

□は 24−9で もとめられるね。

しき　24−9＝ □

答え _____

図を つかって 考えよう (8)

名前 _____

● わからない 数を □ として 図に あらわして、答えを もとめましょう。

1 電車に 何人か のっています。つぎの えきで 37人 のって きたので 61人に なりました。
はじめに 何人 のっていましたか。

はじめに （　）人　あとから （　）人

あわせて （　）人

しき

答え _____

2 ぼく場に ヤギが います。春に ヤギの 赤ちゃんが 14ひき 生まれ、ぜんぶで 72ひきに なりました。
はじめに ヤギは 何びき いましたか。

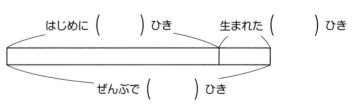

はじめに （　）ひき　生まれた （　）ひき

ぜんぶで （　）ひき

しき

答え _____

図を つかって 考えよう (9)

● わからない 数を □ として 図に あらわして, 答えを もとめましょう。

① ゆうとさんは えんぴつを 17本 もっています。
　お兄さんから 何本か もらったので 21本に
なりました。お兄さんから 何本 もらいましたか。

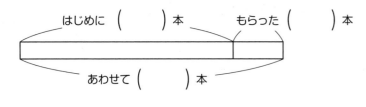

はじめに ( ) 本　　もらった ( ) 本
あわせて ( ) 本

しき

答え _____

② はるきさんの さいふに いくらか 入っています。
　おじいちゃんに 50円 もらったので 200円に
なりました。はじめに いくら 入っていましたか。

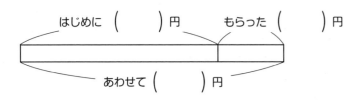

はじめに ( ) 円　　もらった ( ) 円
あわせて ( ) 円

しき

答え _____

③ ジュースが 32本 あります。
　子どもたちに くばると, のこりが 6本に
なりました。何本 くばりましたか。

はじめに ( ) 本
くばった ( ) 本　　のこり ( ) 本

しき

答え _____

④ ちゅう車じょうに 車が 何台か 止まっています。
　27台 出て行ったので, のこりが 23台に なりました。
はじめに 車は 何台 止まって いましたか。

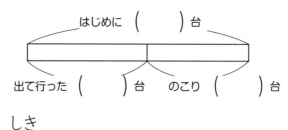

はじめに ( ) 台
出て行った ( ) 台　　のこり ( ) 台

しき

答え _____

分数 (1)

名前

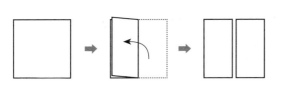

同じ 大きさに 2つに 分けた 1つ分を, もとの
大きさの 二分の一 と いい, $\frac{1}{2}$ と 書きます。

1 色の ついた ところが $\frac{1}{2}$ の 大きさに なって
いるのは ㋐と ㋑の どちらですか。
（ ）に ○を しましょう。

もとの大きさ

（　）

（　）

2 $\frac{1}{2}$ の 大きさに 色を ぬりましょう。

①

②

③

分数 (2)

名前

1 ㋐は, もとの 大きさの 何分の一 ですか。

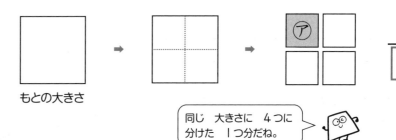
もとの大きさ

同じ 大きさに 4つに
分けた 1つ分だね。

1 色の ついた ところが $\frac{1}{4}$ の 大きさに なって
いるのは ㋐と ㋑の どちらですか。
（ ）に ○を しましょう。

もとの大きさ

（　）

（　）

2 $\frac{1}{4}$ の 大きさに 色を ぬりましょう。

①

②

③

分数（3）

名前 _____

① ⑦と ①は, もとの 長さの それぞれ 何分の一で すか。

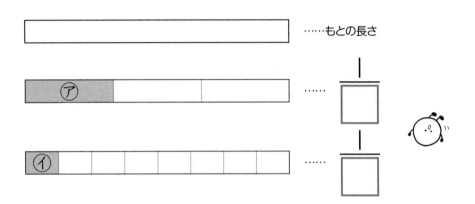

……もとの 長さ

② つぎの 長さに 色を ぬりましょう。

もとの大きさ [   ]

① $\frac{1}{2}$ [   ]

② $\frac{1}{3}$ [   ]

③ $\frac{1}{4}$ [   ]

④ $\frac{1}{8}$ [   ]

分数（4）

名前 _____

① 色の ついた ところの 大きさは, もとの 大きさの 何分の一ですか。

もとの大きさ

 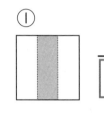

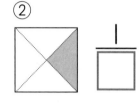

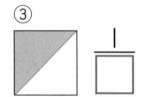 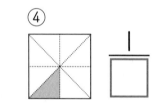

② □に あてはまる 数を 書きましょう。

 ⑦は, もとの 大きさの $\frac{1}{□}$ の 大きさです。

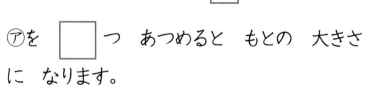

⑦を □つ あつめると もとの 大きさ に なります。

はこの 形 (1)

はこの 形の たいらな ところを,
面と いいます。

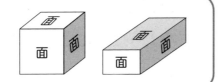

● 右の はこの 形に ついて
しらべましょう。

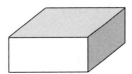

① 面は いくつ ありますか。

　つ

② 同じ 形の 面は いくつずつ
ありますか。

　つずつ

③ 面の 形は 何と いう
四角形ですか。

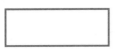

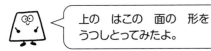
上の はこの 面の 形を
うつしとってみたよ。

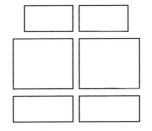

はこの 形 (2)

1 右の さいころの 形に ついて
しらべましょう。

① 面は いくつ ありますか。

　つ

② 同じ 形の 面は いくつ
ありますか。

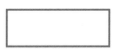　つ

③ 面の 形は 何と いう
四角形ですか。

2 下の ⑦, ⑦の 図を 組み立てて できる はこの
形は どれですか。線で むすびましょう。

⑦
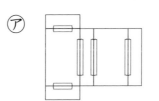
　　・

⑦
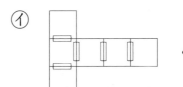
　　・

・

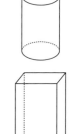
・

101

はこの 形 (3)

名前 _____

① □ に 〔へん，ちょう点〕の どちらかの
ことばを 書きましょう。

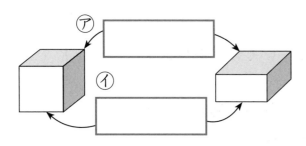

ⓐ □

ⓑ □

ⓒ 3本の へんが あつまる かどを □ と
いいます。

ⓓ 面と 面の さかいに なっている 直線を
□ と いいます。

② ⓐと ⓑの はこの へん，ちょう点の 数は
それぞれ いくつですか。

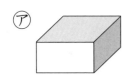 ⓐ    ⓑ

へんの 数 □   へんの 数 □

ちょう点の 数 □   ちょう点の 数 □

はこの 形 (4)

名前 _____

① ひごと ねん土玉を つかって
右のような はこの 形を つくり
ます。

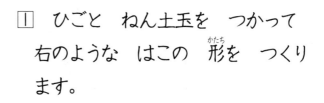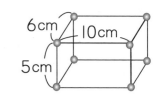
6cm 10cm 5cm

① 何cmの ひごが 何本 いりますか。

5cm … □ 本   6cm … □ 本

10cm … □ 本

② ねん土玉は 何こ いりますか。 □ こ

② ひごと ねん土玉を つかって
右のような さいころの 形を
つくります。

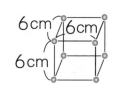
6cm 6cm 6cm

① 6cmの ひごは 何本 いりますか。 □ 本

② ねん土玉は 何こ いりますか。 □ こ

102

P.2

ひょうと グラフ （1）　名前

● クラスで，すきな たべものを １人 １つずつ えらびました。

すきな たべもの

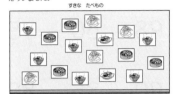

たべものごとに 黒ばんに 絵を ならべかえました。

すきな たべもの

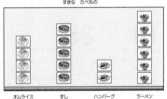

オムライス　すし　ハンバーグ　ラーメン

① 下の ひょうに 人数を 書きましょう。

すきな たべものしらべ

たべもの	オムライス	すし	ハンバーグ	ラーメン
人数（人）	4	5	2	6

② 人数を ○を つかって 右の グラフに あらわしましょう。

下から ○を なぞろう。

③ すきな 人が いちばん 多い たべものは 何ですか。
（ ラーメン ）

④ すきな 人が いちばん 少ない たべものは 何ですか。
（ ハンバーグ ）

P.3

ひょうと グラフ （2）　名前

● ひなたさんの クラスで，しょうらい なりたい しょくぎょうを １人 １つずつ えらびました。

なりたい しょくぎょう

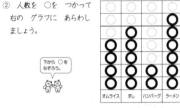

① 下の ひょうに 人数を 書きましょう。

なりたい しょくぎょうしらべ

	いし・かんごし	ほいくし	じゅうい	スポーツせんしゅ	パティシエ
人数（人）	7	3	4	6	3

② 人数を ○を つかって 右の グラフに あらわしましょう。

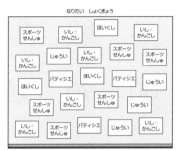

5人の ところの 線を 少し 太くすると わかりやすいよ。

③ 人数が 2ばんめに 多い しょくぎょうは 何ですか。
スポーツせんしゅ

④ 人数が 同じ しょくぎょうは 何と 何ですか。
ほいくし ﾊﾟﾃｨｼｴ

⑤ いし・かんごしを えらんだ ひとは，じゅういを えらんだ 人より 何人 多いですか。（ 3 ）人

P.4

たし算の ひっ算 （1）　名前
くり上がりなし

① 32＋26を ①～③の じゅんに ひっ算でしましょう。

```
  3 2      3 2      3 2
+ 2 6  →  + 2 6  →  + 2 6
                8      5 8
```

① くらいを たてにそろえて かく。
② 一のくらいの計算　2＋6＝ 8
③ 十のくらいの計算　3＋2＝ 5

② 計算を しましょう。

①
```
  4 3
+ 3 6
  7 9
```
②
```
  1 4
+ 5 2
  6 6
```
③
```
  2 1
+ 7 7
  9 8
```
④
```
  6 4
+ 1 5
  7 9
```
⑤
```
  3 3
+ 5 4
  8 7
```

たし算の ひっ算 （2）　名前
くり上がりなし

①
```
  6 0
+ 3 5
  9 5
```
(6＋3) (0＋5)
②
```
  5 3
+ 2 0
  7 3
```
③
```
  1 0
+ 7 0
  8 0
```
④
```
  4 0
+ 4 9
  8 9
```
⑤
```
  6 2
+ 1 0
  7 2
```
⑥
```
  5 0
+ 3 0
  8 0
```

②
```
  2 6
+  3
  2 9
```
②
```
   2
+ 7 5
  7 7
```
③
```
  8 0
+  7
  8 7
```
④
```
  6 5
+  4
  6 9
```
⑤
```
   2
+ 9 3
  9 5
```
⑥
```
  4 0
+  8
  4 8
```

P.5

たし算の ひっ算 （3）　名前
くり上がりなし

① 47＋52
```
9 9
```
② 16＋63
```
7 9
```
③ 34＋30
```
6 4
```
④ 23＋25
```
4 8
```
⑤ 50＋5
```
5 5
```
⑥ 84＋14
```
9 8
```
⑦ 71＋8
```
7 9
```
⑧ 60＋20
```
8 0
```

● 答えの 大きい方を 通って ゴールまで 行きましょう。通った 答えを 下の □に 書きましょう。

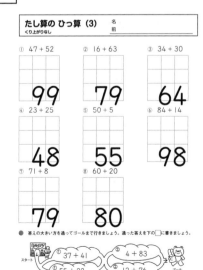

37＋41　　4＋83
55＋22　　12＋76

① 78　　② 88

たし算の ひっ算 （4）　名前
くり上がりあり

① 35＋28を ①～③の じゅんに ひっ算でしましょう。

```
  3 5        3 5        3 5
+ 2 8  →   + 2 8  →   + 2 8
             (1)        (1)
              3        6 3
```

① くらいを たてにそろえて かく。
② 一のくらいの計算　5＋8＝ 13
③ 十のくらいの計算　①＋3＋2＝ 6

② 計算を しましょう。

①
```
  2 7
+ 5 6
  8 3
```
②
```
  4 6
+ 1 5
  6 1
```
③
```
  3 4
+ 3 8
  7 2
```

くり上がった１を わすれずに 計算してね。

P.6

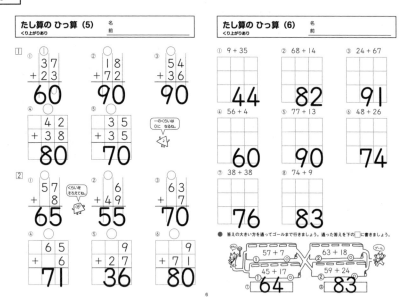

たし算の ひっ算 (5)　名前
くり上がりあり

①
```
  37       18       54
+ 23     + 72     + 36
  60       90       90
```
```
  42       35      （一のくらいは 0に なるね。）
+ 38     + 35
  80       70
```

②
```
  57        6       63
+  8     + 49     +  7
  65       55       70
```
（くらいを そろえてね。）
```
  65        9        9
+  6     + 27     + 71
  71       36       80
```

たし算の ひっ算 (6)　名前
くり上がりあり

① 9 + 35 = 44　② 68 + 14 = 82　③ 24 + 67 = 91
④ 56 + 4 = 60　⑤ 77 + 13 = 90　⑥ 48 + 26 = 74
⑦ 38 + 38 = 76　⑧ 74 + 9 = 83

● 答えの大きい方を通ってゴールまで行きましょう。通った答えを下の□に書きましょう。

57 + 7　／　63 + 18
45 + 17　　59 + 24

① 64　② 83

P.7

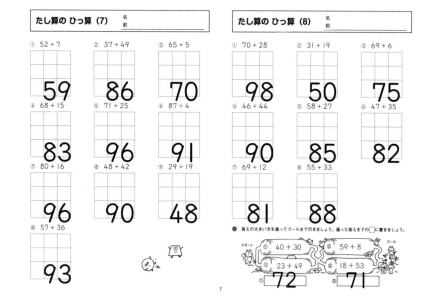

たし算の ひっ算 (7)　名前

① 52 + 7 = 59　② 37 + 49 = 86　③ 65 + 5 = 70
④ 68 + 15 = 83　⑤ 71 + 25 = 96　⑥ 87 + 4 = 91
⑦ 80 + 16 = 96　⑧ 48 + 42 = 90　⑨ 29 + 19 = 48
⑩ 57 + 36 = 93

たし算の ひっ算 (8)　名前

① 70 + 28 = 98　② 31 + 19 = 50　③ 69 + 6 = 75
④ 46 + 44 = 90　⑤ 58 + 27 = 85　⑥ 47 + 35 = 82
⑦ 69 + 12 = 81　⑧ 55 + 33 = 88

● 答えの大きい方を通ってゴールまで行きましょう。通った答えを下の□に書きましょう。

スタート　① 40 + 30　② 59 + 8　ゴール
　23 + 49　　18 + 53

① 72　② 71

P.8

たし算の ひっ算 (9)　名前

① 答えが 同じに なる しきを 線で むすびましょう。

35 + 40 　——　18 + 29
29 + 18 　——　40 + 35
7 + 46 　——　20 + 40
40 + 20 　——　46 + 7

② つぎの ひっ算の まちがいを 見つけて，正しく 計算しましょう。

① (36 + 58)
```
  36        36
+ 58      + 58
  84        94
```

② (23 + 7)
```
  23        23
+  7      +  7
  93        30
```

③ (30 + 50)
```
  30        30
+ 50      + 50
   8        80
```

たし算の ひっ算 (10)　名前

① れなさんは 貝を 25こ ひろいました。
お姉さんは 29こ ひろいました。
あわせて 何こ ひろいましたか。
しき 25 + 29 = 54
答え 54こ

② ゆうたさんは おり紙を 8まい もっています。きょう 34まい 買いました。おり紙は 何まいに なりましたか。
しき 8 + 34 = 42
答え 42まい

③ お店で 50円の チョコレートと 26円の あめを 買いました。あわせて いくらに なりますか。
しき 50 + 26 = 76
答え 76円

P.9

ふりかえりテスト　たし算の ひっ算　名前

① 計算を しましょう。(5×10)
① 18 + 67 = 85　② 22 + 59 = 81
③ 17 + 72 = 89　④ 66 + 26 = 92
⑤ 19 + 45 = 64
⑥ 39 + 48 = 87　⑦ 83 + 7 = 90
⑧ 58 + 33 = 91　⑨ 7 + 89 = 96
⑩ 75 + 15 = 90

② ⑦〜①と 答えが 同じに なる しきを ⑤〜②から 見つけて（ ）に 書きましょう。(5×2)
⑦ 35 + 27 (⑤)　① 54 + 69 (⑦)
⑤ 53 + 72　⑥ 69 + 54
⑦ 27 + 35　② 45 + 69

③ つぎの ひっ算の まちがいを 見つけて，正しく 計算しましょう。(10×2)
① (9 + 45)
```
   9        9
+ 45      + 45
  54        54
```
② (63 + 17)
```
  63        63
+ 17      + 17
  70        80
```

④ りくとさんは 本を きのう 28ページ，きょうは 34ページ 読みました。あわせて 何ページ 読みましたか。(10)
しき 28 + 34 = 62
答え 62ページ

⑤ 家の やねに すずめが 45わ います。そこへ 7わ やってきました。ぜんぶで 何わに なりましたか。(10)
しき 45 + 7 = 52
答え 52わ

104

P.10

ひき算の ひっ算（1） くり下がりなし　名前

① 57－34 を ①～③の じゅんに ひっ算で しましょう。

$$
\begin{array}{r}57\\-34\\\hline\end{array}\ \Rightarrow\ \begin{array}{r}57\\-34\\\hline\ \ 3\end{array}\ \Rightarrow\ \begin{array}{r}57\\-34\\\hline23\end{array}
$$

① くらいを たてに そろえて かく。
② 一のくらいの計算　7－4 ＝ **3**
③ 十のくらいの計算　5－3 ＝ **2**

② 計算を しましょう。

①
$$\begin{array}{r}75\\-42\\\hline33\end{array}$$
②
$$\begin{array}{r}68\\-51\\\hline17\end{array}$$
③
$$\begin{array}{r}39\\-17\\\hline22\end{array}$$
④
$$\begin{array}{r}46\\-33\\\hline13\end{array}$$
⑤
$$\begin{array}{r}87\\-63\\\hline24\end{array}$$

ひき算の ひっ算（2） くり下がりなし　名前

①
① $\begin{array}{r}52\\-32\\\hline20\end{array}$ 5-3　② $\begin{array}{r}76\\-70\\\hline\ 6\end{array}$ 2-2　③ $\begin{array}{r}60\\-30\\\hline30\end{array}$ 0は書かない

④ $\begin{array}{r}75\\-25\\\hline50\end{array}$　⑤ $\begin{array}{r}38\\-30\\\hline\ 8\end{array}$　⑥ $\begin{array}{r}83\\-60\\\hline23\end{array}$

② ① $\begin{array}{r}48\\-\ 5\\\hline43\end{array}$　② $\begin{array}{r}69\\-\ 2\\\hline67\end{array}$　③ $\begin{array}{r}94\\-\ 4\\\hline90\end{array}$

④ $\begin{array}{r}86\\-\ 3\\\hline83\end{array}$　⑤ $\begin{array}{r}57\\-\ 4\\\hline53\end{array}$　⑥ $\begin{array}{r}42\\-\ 2\\\hline40\end{array}$

P.11

ひき算の ひっ算（3） くり下がりなし　名前

① 56－50 **6**　② 77－64 **13**　③ 67－47 **20**

④ 95－33 **62**　⑤ 45－10 **35**　⑥ 93－2 **91**

⑦ 78－8 **70**　⑧ 69－26 **43**

● 答えの大きい方を通ってゴールまで行きましょう。通った答えを下の□に書きましょう。

スタート　58－35 / 85－44　プール
47－25 / 92－50
① **23**　② **42**

ひき算の ひっ算（4） くり下がりあり　名前

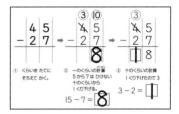

① 45－27を ①～③の じゅんに ひっ算で しましょう。

$$\begin{array}{r}45\\-27\\\hline\end{array}\Rightarrow\begin{array}{r}\overset{3}{\cancel4}\overset{10}{5}\\-2\ 7\\\hline\ \ 8\end{array}\Rightarrow\begin{array}{r}\overset{3}{\cancel4}5\\-2\ 7\\\hline18\end{array}$$

① くらいを たてに そろえて かく。
② 一のくらいの計算　5から7は ひけない 十のくらいから 1くり下げる。15－7＝**8**
③ 十のくらいの計算　1くり下げたので 3　3－2＝**1**

② 計算を しましょう。

① $\begin{array}{r}62\\-38\\\hline24\end{array}$　② $\begin{array}{r}56\\-19\\\hline37\end{array}$　③ $\begin{array}{r}83\\-45\\\hline38\end{array}$

十のくらいから 1くり下げたことを わすれずに計算してね。

P.12

ひき算の ひっ算（5） くり下がりあり　名前

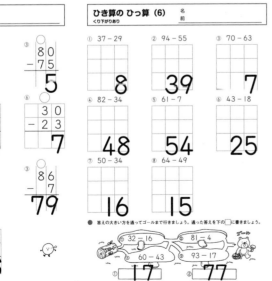

① ① $\begin{array}{r}40\\-26\\\hline14\end{array}$　② $\begin{array}{r}72\\-67\\\hline\ 5\end{array}$　③ $\begin{array}{r}80\\-75\\\hline\ 5\end{array}$

④ $\begin{array}{r}60\\-38\\\hline22\end{array}$　⑤ $\begin{array}{r}51\\-45\\\hline\ 6\end{array}$　⑥ $\begin{array}{r}30\\-23\\\hline\ 7\end{array}$

② ① $\begin{array}{r}36\\-\ 8\\\hline28\end{array}$　② $\begin{array}{r}90\\-\ 5\\\hline85\end{array}$　③ $\begin{array}{r}86\\-\ 7\\\hline79\end{array}$

④ $\begin{array}{r}53\\-\ 6\\\hline47\end{array}$　⑤ $\begin{array}{r}70\\-\ 2\\\hline68\end{array}$

ひき算の ひっ算（6） くり下がりあり　名前

① 37－29 **8**　② 94－55 **39**　③ 70－63 **7**

④ 82－34 **48**　⑤ 61－7 **54**　⑥ 43－18 **25**

⑦ 50－34 **16**　⑧ 64－49 **15**

● 答えの大きい方を通ってゴールまで行きましょう。通った答えを下の□に書きましょう。

32－16 / 81－4　ゴール
60－43 / 93－17
① **17**　② **77**

P.13

ひき算の ひっ算（7） 名前

① 67－38 **29**　② 92－65 **27**　③ 55－40 **15**

④ 84－62 **22**　⑤ 38－29 **9**　⑥ 68－3 **65**

⑦ 50－11 **39**　⑧ 96－76 **20**　⑨ 73－24 **49**

⑩ 85－8 **77**

ひき算の ひっ算（8） 名前

① 91－36 **55**　② 43－12 **31**　③ 80－14 **66**

④ 63－3 **60**　⑤ 74－47 **27**　⑥ 87－80 **7**

⑦ 54－28 **26**　⑧ 40－6 **34**

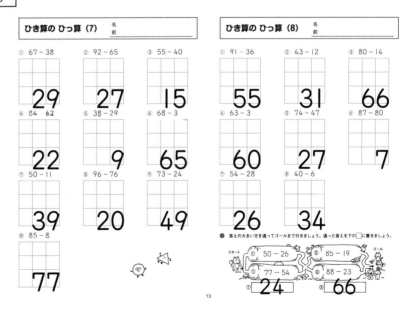

● 答えの大きい方を通ってゴールまで行きましょう。通った答えを下の□に書きましょう。

スタート　50－26 / 85－19　ゴール
77－54 / 88－23
① **24**　② **66**

解答

児童に実施させる前に，必ず指導される方が問題を解いてください。本書の解答は，あくまでも1つの例です。指導される方の作られた解答をもとに，本書の解答例を参考に児童の多様な考えに寄り添って○つけをお願いします。

P.14

ひき算の ひっ算 (9)　名前

① ひっ算を しましょう。そして，答えの たしかめに なる しきを えらび 線で むすびましょう。

```
  9 0        5 6        7 5
- 6 3      - 2 7      -   9
  2 7        2 9        6 6
```

27 + 63 ——— 66 + 9 ✕ 29 + 27

② つぎの ひっ算の まちがいを 見つけて，正しく 計算しましょう。

① (52 − 28)
```
  5 2        5 2
- 2 8      - 2 8
  3 4        2 4
```

② (63 − 29)
```
  6 3        6 3
- 2 9      - 2 9
  4 6        3 4
```

ひき算の ひっ算 (10)　名前

① クッキーが 42まい ありました。みんなで 28まい 食べました。クッキーは 何まい のこっていますか。

しき 42−28＝14

答え 14まい

② ラムネあじと いちごあじの あめが あわせて 35こ あります。そのうち ラムネあじの あめは 9こです。いちごあじの あめは 何こ ありますか。

しき 35−9＝26

答え 26こ

③ 2年生は 90人 います。1年生は 86人 います。2年生と 1年生の 人数の ちがいは 何人ですか。

しき 90−86＝4

答え 4人

P.15

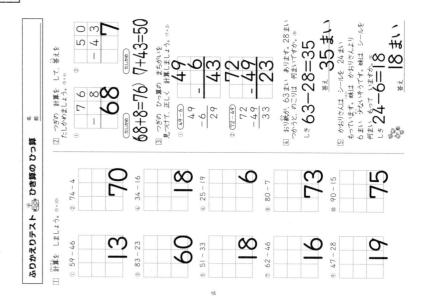

ふりかえりテスト　ひき算の ひっ算　名前

① 計算を しましょう。(5×10)

```
① 74 − 4      ② 34 − 16     ③ 25 − 19     ④ 80 − 7      ⑤ 90 − 15
   70            18            6             73            75

⑥ 59 − 46     ⑦ 83 − 23     ⑧ 51 − 33     ⑨ 62 − 46     ⑩ 47 − 28
   13            60            18            16            19
```

② つぎの ひっ算を して，答えの たしかめを しましょう。(5×2)

```
① 5 0        ② 7 6
 - 4 3         -   8
   7            6 8
```

7＋43＝50　68＋8＝76

③ つぎの ひっ算の まちがいを 見つけて，正しく 計算しましょう。(5×2)

① (49 − 6)
```
  4 9        4 9
-   6      -   6
  2 9        4 3
```

② (72 − 49)
```
  7 2        7 2
- 4 9      - 4 9
  3 3        2 3
```

④ おり紙が 63まい あります。28まい つかうと，のこりは 何まいですか。(5×2)

しき 63−28＝35

答え 35まい

⑤ かおりさんは シールを 24まい もっています。弟は かおりさんより シールを 6まい 少ないそうです。弟は シールを 何まい もっていますか。(5×2)

しき 24−6＝18

答え 18まい

P.16

たし算かな ひき算かな (1)　名前

① バスに 46人 のっていました。ていりゅうじょで 26人 おりました。バスの 中は 何人に なりましたか。

しき 46−26＝20

答え 20人

② こうえんで 子どもが 31人 あそんでいます。そのうち，6人 帰りました。こうえんに いる 子どもは，何人に なりましたか。

しき 31−6＝25

答え 25人

③ どうぶつ園に 白鳥が 9わ います。あひるは 白鳥より 25わ 多いです。あひるは 何わ いますか。

しき 9＋25＝34

答え 34わ

たし算かな ひき算かな (2)　名前

① ゆきなさんは 魚を 15ひき，お兄さんは 18ひき つりました。あわせて 何びき つりましたか。

しき 15＋18＝33

答え 33ひき

② 図書室に ものがたりの 本が 86さつ，図かんが 94さつ あります。どちらが 何さつ 多いですか。

しき 94−86＝8

答え 図かんが 8さつ 多い。

③ 赤と 黄色の チューリップが，あわせて 70本 さきました。そのうち，赤い チューリップは 45本です。黄色の チューリップは 何本ですか。

しき 70−45＝25

答え 25本

P.17

たし算かな ひき算かな (3)　名前

① ジュースが，65本 あります。2年生 27人に 1本ずつ くばりました。ジュースは，何本 のこっていますか。

しき 65−27＝38

答え 38本

② じん社の かいだんは 92だん あります。77だん まで のぼりました。のこりは あと 何だんですか。

しき 92−77＝15

答え 15だん

③ バスに 35人 のっています。バスていで 15人 のってきました。ぜんぶで 何人に なりましたか。

しき 35＋15＝50

答え 50人

たし算かな ひき算かな (4)　名前

① 赤い 色紙が 65まい，青い 色紙が 45まい あります。ちがいは 何まいですか。

しき 65−45＝20

答え 20まい

② 90ページの 本が あります。54ページ 読みました。のこりは 何ページですか。

しき 90−54＝36

答え 36ページ

③ お母さんは クッキーを 38こ 作りました。わたしは 22こ 作りました。あわせて クッキーを 何こ 作りましたか。

しき 38＋22＝60

答え 60こ

P.18

長さの たんい (1)　名前

□ どちらが 長いでしょうか。長い方の （ ）に ○を 書きましょう。

① （○）　② （○）

② 長い じゅんに 番ごうを 書きましょう。

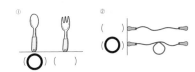

①（3）（1）（2）　②（1）（3）（2）

長さの たんい (2)　名前

□ いろいろな ものの 長さを テープを つかって くらべました。長い じゅんに 番ごうを 書きましょう。

つくえの よこ　（2）
本だなの よこ　（1）
テレビの よこ　（3）

② たてと よこ どちらが どれだけ 長いか，キャップを つかって くらべました。（ ）に 数字を 書きましょう。

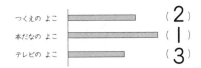

たて （6）こ分
よこ （4）こ分
たての 長さが キャップ（2）こ分 長い

P.19

長さの たんい (3)　名前

長さを はかる たんいに センチメートルが あります。
１センチメートル は １cm と 書きます。

□ cm を 書く れんしゅうを しましょう。

１cm　２cm　３cm　４cm

② ⑦～⑰は それぞれ 何cm ですか。

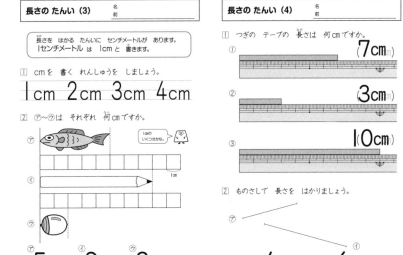

⑦（5）cm　④（8）cm　⑰（2）cm

長さの たんい (4)　名前

□ つぎの テープの 長さは 何cm ですか。

①（7cm）
②（3cm）
③（10cm）

② ものさしで 長さを はかりましょう。

⑦（4cm）　④（6cm）

P.20

長さの たんい (5)　名前

１cmを 同じ 長さに 10 に 分けた １こ分の 長さを １ミリメートル といいます。１cm＝10 mm

□ mm を 書く れんしゅうを しましょう。

１mm　２mm　３mm　４mm

② つぎの ものの 長さは どれだけですか。

①（8mm）
②（4cm5mm）
③（10cm2mm）

長さの たんい (6)　名前

□ つぎの テープの 長さは 何cm何mm ですか。

①（8cm6mm）
②（11cm4mm）

② ものさしで 長さを はかりましょう。

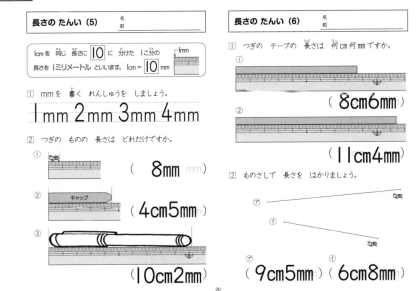

⑦（9cm5mm）　④（6cm8mm）

P.21

長さの たんい (7)　名前

□ ものさしで つぎの 長さの 線を ひきましょう。

① 3cm
② 8cm
③ 6cm3mm

略

② ものさしで つぎの 長さの 線を ひきましょう。そして，その 長さの どうぶつに ○を しましょう。

① 7cm5mm
② 5cm6mm
③ 10cm2mm

長さの たんい (8)　名前

□ つぎの テープの 長さは，何cm何mm ですか。また，何mm ですか。

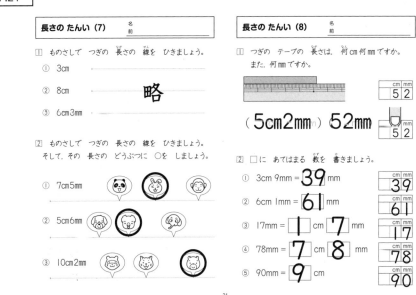

cm	mm
5	2

（5cm2mm）52mm

cm	mm
5	2

② □に あてはまる 数を 書きましょう。

① 3cm 9mm ＝ 39 mm

cm	mm
	39

② 6cm 1mm ＝ 61 mm

cm	mm
	61

③ 17mm ＝ 1 cm 7 mm

cm	mm
	17

④ 78mm ＝ 7 cm 8 mm

cm	mm
	78

⑤ 90mm ＝ 9 cm

cm	mm
	90

P.22

長さの たんい（9）　名前

① 5cmと3cmの テープを かさならないように つなぐと 何cmに なりますか。

しき　5cm + 3cm = $\boxed{8}$ cm

答え　**8cm**

② あつさが 2cmの 本と，あつさが 4cm6mm の 本が あります。

① 2さつ つみかさねると 何cm何mmになりますか。

しき　2cm + 4cm 6mm = $\boxed{6}$ cm $\boxed{6}$ mm

> 同じ たんいどうしの 数を 計算しよう。

答え　**6cm6mm**

② あつさの ちがいは 何cm何mmですか。

しき　4cm 6mm − 2cm = $\boxed{2}$ cm $\boxed{6}$ mm

答え　**2cm6mm**

長さの たんい（10）　名前

● 計算を しましょう。

① 3cm 8mm + 4cm = $\boxed{7}$ cm $\boxed{8}$ mm
② 10cm 2mm − 5cm = $\boxed{5}$ cm $\boxed{2}$ mm
③ 6cm 3mm + 3mm = $\boxed{6}$ cm $\boxed{6}$ mm
④ 7cm 9mm − 6mm = $\boxed{7}$ cm $\boxed{3}$ mm
⑤ 4cm 3mm + 6cm 5mm = $\boxed{10}$ cm $\boxed{8}$ mm
⑥ 12cm 8mm − 9cm 7mm = $\boxed{3}$ cm $\boxed{1}$ mm

	cm	mm
①	3	8
+	4	0
	7	8

	cm	mm
②	10	2
−	5	
	5	2

	cm	mm
③	6	3
+		3
	6	6

	cm	mm
④	7	9
−		6
	7	3

	cm	mm
⑤	4	3
+	6	5
	10	8

	cm	mm
⑥	12	8
−	9	7
	3	1

P.23

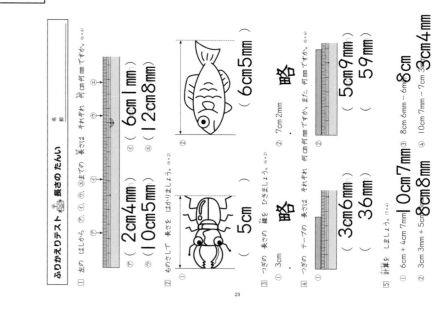

ふりかえりテスト　長さの たんい

① 左の はしから ⑦，⑦，⑦，⑦までの 長さは 何cm何mmですか。(6×4)
⑦（2cm4mm）　⑦（6cm1mm）
⑦（10cm5mm）　⑦（12cm8mm）

② ものさしで 長さを はかりましょう。(6×2)
⑦（6cm5mm）　⑦（5cm）

③ つぎの 線を ひきましょう。(6×2)
⑦ 3cm　略
⑦ 7cm 2mm　略

④ つぎの テープの 長さは 何cm何mmですか。また，何mmですか。(6×4)
（5cm9mm）　59mm
（3cm6mm）　36mm

⑤ 計算を しましょう。(7×4)
① 6cm + 4cm 7mm = 10cm7mm
② 3cm 3mm + 5cm = 8cm3mm
③ 8cm 6mm − 6cm = 2cm6mm
④ 10cm 7mm − 7cm = 3cm4mm

P.24

1000までの 数（1）　名前

● ぜんぶで ねこは 何びき いますか。10ずつ ○で かこみましょう。100で 大きく かこみましょう。

略

100が $\boxed{2}$ こ。10が $\boxed{1}$ こ。
1が $\boxed{5}$ こで $\boxed{215}$

答え　（215）ひき

P.25

1000までの 数（2）　名前

● ■は ぜんぶで 何こ ありますか。

①
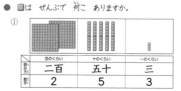

	百のくらい	十のくらい	一のくらい
読み方	二百	五十	三
数字	2	5	3

②
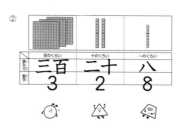

	百のくらい	十のくらい	一のくらい
読み方	三百	二十	八
数字	3	2	8

1000までの 数（3）　名前

● ■は ぜんぶで 何こ ありますか。

①
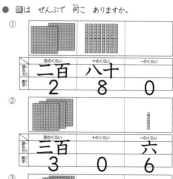

	百のくらい	十のくらい	一のくらい
読み方	二百	八十	〇
数字	2	8	0

②

	百のくらい	十のくらい	一のくらい
読み方	三百	〇	六
数字	3	0	6

③

	百のくらい	十のくらい	一のくらい
読み方	四百	〇	〇
数字	4	0	0

P.26

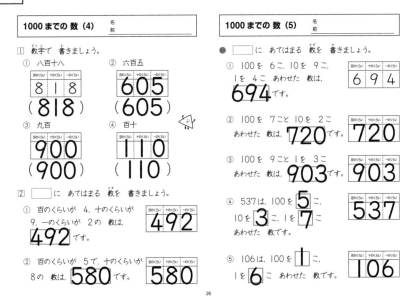

P.27

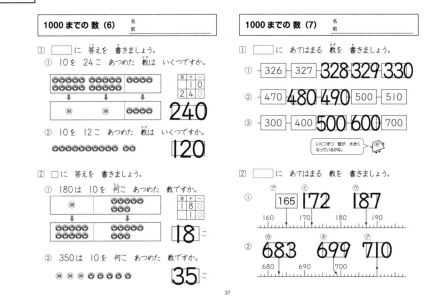

P.28

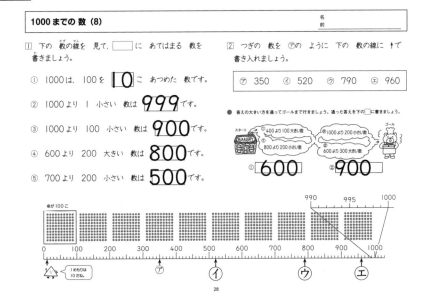

P.29

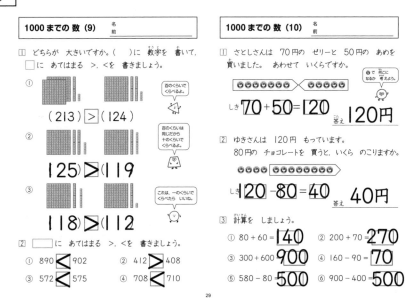

P.30

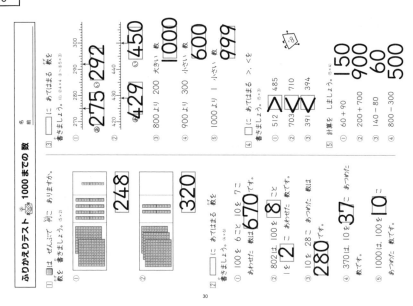

ふりかえりテスト　1000までの数

① 数を ぜんぶで 何こ ありますか。

① 248　② 320

② □に あてはまる 数を 書きましょう。
① 100を 6こ 10を 7こ あわせた 数は **670**です。
② 802は，100を **8**こ 1を **2**こ あわせた 数です。
③ 10を 28こ あつめた 数は **280**です。
④ 370は，10を **37**こ あつめた 数です。
⑤ 1000は，100を **10**こ あつめた 数です。

275 **292** **429** **450** **1000** **600** **999**

③ □に あてはまる 数を 書きましょう。
① 800より 200 大きい 数を **1000**
② 900より 300 小さい 数を **600**
③ 1000より 1 小さい 数を **999**

④ □に あてはまる >，<を 書きましょう。
① 512 **<** 485
② 703 **>** 710
③ 391 **>** 394

⑤ 計算を しましょう。
① 60 + 90 = **150**
② 200 + 700 = **900**
③ 140 − 80 = **60**
④ 800 − 300 = **500**

P.31

水の かさの たんい (1) 名前

かさを あらわす たんいに リットルが あります。1リットルは 1Lと 書きます。水などの かさは 1リットルが いくつ分 あるかで あらわします。

① Lを 書く れんしゅうを しましょう。
1L 2L 3L 4L 5L 6L

② つぎの 入れものに 入る 水の かさを 書きましょう。
① 1Lの **2** つ分で **2L**
② 1Lの **4** つ分で **4L**
③ 1Lの **3** つ分で **3L**

水の かさの たんい (2) 名前

1Lを 同じ かさに 10こに 分けた 1つ分を 1デシリットルといい，1dLと 書きます。
1L = **10** dL

① dLを 書く れんしゅうを しましょう。
1dL 2dL 3dL 4dL 5dL

② つぎの 入れものに 入る 水の かさを 書きましょう。
① **4**dL
② **1**L**5**dL
③ **2**L**3**dL
④ **8**dL

P.32

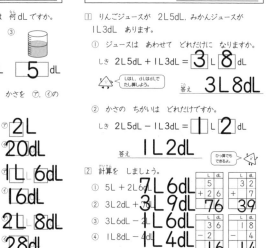

水の かさの たんい (3) 名前

① 1ますに 入った 水の かさは 何dL ですか。
① **10**dL　② **1**dL　③ **5**dL

② つぎの 入れものに 入る 水の かさを ⑦，⑦の あらわし方で 書きましょう。
① ⑦ **2L**　⑦ **20dL**
② **1L6dL**　**16dL**
③ **2L8dL**　**28dL**

水の かさの たんい (4) 名前

① りんごジュースが 2L5dL，みかんジュースが 1L3dL あります。
① ジュースは あわせて どれだけに なりますか。
しき 2L5dL + 1L3dL = **3L8dL**
答え **3L8dL**

② かさの ちがいは どれだけですか。
しき 2L5dL − 1L3dL = **1L2dL**
答え **1L2dL**

② 計算を しましょう。
① 5L + 2L6dL = **7L6dL**
② 3L2dL + 3dL = **3L9dL**
③ 3L6dL − 1L = **2L6dL**
④ 1L8dL − 4dL = **1L4dL**

5
+ 2 6
7 6

3 2
+ 7
3 9

3 6
− 2 0
1 6

1 8
− 4
1 4

P.33

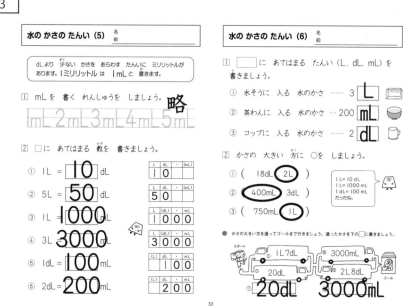

水の かさの たんい (5) 名前

dLより 少ない かさを あらわす たんいに ミリリットルが あります。1ミリリットルは 1mLと 書きます。

① mLを 書く れんしゅうを しましょう。　略
1mL 2mL 3mL 4mL 5mL

② □に あてはまる 数を 書きましょう。
① 1L = **10** dL
② 5L = **50** dL
③ 1L = **1000** mL
④ 3L = **3000** mL
⑤ 1dL = **100** mL
⑥ 2dL = **200** mL

L	dL	mL
	10	
	50	
		1000
		3000
		100
		200

水の かさの たんい (6) 名前

① □に あてはまる たんい (L, dL, mL) を 書きましょう。
① 水そうに 入る 水の かさ …… 3 **L**
② 茶わんに 入る 水の かさ …… 200 **mL**
③ コップに 入る 水の かさ …… 2 **dL**

② かさの 大きい 方に ○を しましょう。
1L = 10dL　1L = 1000mL　1dL = 100mL だったね。
① 18dL　（**2L**）
② （**400mL**）　3dL
③ 750mL　（**1L**）

● かさの 大きい方を 通ってゴールへ 行きましょう。通った かさを 下の □に 書きましょう。
スタート　1L7dL　3000mL　ゴール
20dL　2L8dL
20dL　**3000mL**

110

児童に実施させる前に，必ず指導される方が問題を解いてください。本書の解答は，あくまでも1つの例です。指導される方の作られた解答をもとに，本書の解答例を参考に児童の多様な考えに寄り添って○つけをお願いします。

解答

P.34

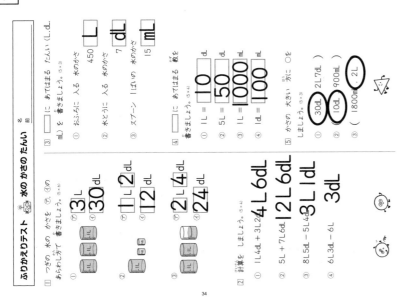

ふりかえりテスト ⑰ 水の かさの たんい

⑰ 水の かさの たんい（L，dL，mL）

〔3〕□に あてはまる たんいを 書きましょう。(5×3)
① おふろに 入る 水のかさ　450 **L**
② 水とうに 入る 水のかさ　7 **dL**
③ スプーン 1ぱいの 水のかさ　15 **mL**

〔4〕□に あてはまる 数を 書きましょう。(5×4)
① 1L = **10** dL
② 5L = **50** dL
③ 1L = **1000** mL
④ 1dL = **100** mL

〔5〕かさの 大きい 方に ○を しましょう。(5×3)
① 30dL ● 2L7dL
② 10dL ● 1800mL ● 2L
③ 900mL ● 2L

〔1〕つぎの 水の かさを あらわし方で 書きましょう。(5×6)
① **3L30dL**
② 1**L2dL** / 1**2dL**
③ **2L4dL** / **24dL**

〔2〕計算を しましょう。(5×4)
① 1L4dL + 3L2dL **4L6dL**
② 5L + 7L6dL **12L6dL**
③ 8L5dL − 5L4dL **3L1dL**
④ 6L3dL − 6L **3dL**

P.35

時こくと 時間（1）　名前

 学校を 出る　 えきに つく　 どうぶつえんに つく　 おべんとうを たべる

〔1〕上の あ〜えの 時こくを それぞれ 書きましょう。
あ **8**時**30**分　い **8**時**50**分
う **9**時**30**分　え **11**時**45**分

〔2〕学校を 出てから えきに つくまでの 時間は 何分間ですか。

20分間

長い はりが 20めもり すすんで いるね。

〔3〕学校を 出てから どうぶつ園に つくまでの 時間は 何分間ですか。また，それは 何時間ですか。

長い はりが ひとまわり しているよ。

60分間　**1**時間

長い はりが 1めもり すすむ 時間は 1分間で，1まわりする 時間は，60分間です。60分間を，1時間と いいます。

60分間の ことを 60分とも いうよ。

1時間＝60分

P.36

時こくと 時間（2）　名前

● ⑦から ④までの 時間は 何分間ですか。時計の 時こくを（ ）に 書いて もとめましょう。③は 何時間かも もとめましょう。

① 　**15**分間
（2時）　2時15分

② 　**10**分間
10時30分　10時40分

③ 　**60**分間 **1**時間
（6時）　（7時）

時こくと 時間（3）　名前

● ⑦から ④までの 時間は 何分間ですか。時計の 時こくを（ ）に 書いて もとめましょう。③は 何時間かも もとめましょう。

① 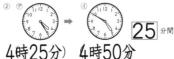　**30**分間
1時10分）　1時40分

② 　**25**分間
4時25分）　4時50分

③ 　**60**分間 **1**時間
（11時）　（12時）

P.37

時こくと 時間（4）　名前

● 時計の 時こくを（ ）に 書きましょう。

①
1時間前　今　1時間後
（2）時**30**分　3時30分　（4）時**30**分

②
30分前　今　30分後
（4）時**30**分　5時　（5）時**30**分

③
20分前　今　20分後
（8）時**20**分　8時40分　（9）時

時こくと 時間（5）　名前

〔1〕今の 時こくは 9時30分です。つぎの 時こくを 書きましょう。

① 1時間前（**8時30分**）
② 1時間後（**10時30分**）
③ 20分前（**9時10分**）
④ 30分後（**10時**）

〔2〕□に あてはまる 数を 書きましょう。
① 1時間 ＝ **60** 分
② 1時間30分 ＝ **90** 分
③ 80分 ＝ **1** 時間 **20** 分

● 時間と 時こくの つかいかたが 正しいほうに ○をしましょう。

あ あさ おきた 時間は 7時です。
い ごはんを たべるのに かかった 時間は 20分です。（○）
あ あさ おきた 時こくは 7時です。（○）
い ごはんを たべるのに かかった 時こくは 20分です。

111

児童に実施させる前に，必ず指導される方が問題を解いてください。本書の解答は，あくまでも1つの例です。指導される方の作られた解答をもとに，本書の解答例を参考に児童の多様な考えに寄り添って○つけをお願いします。

P.38

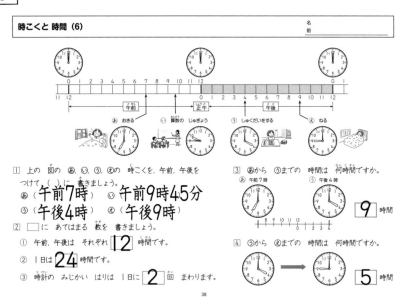

P.39

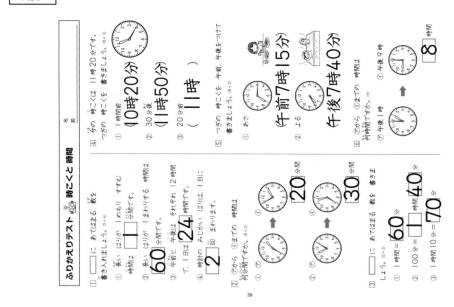

P.40

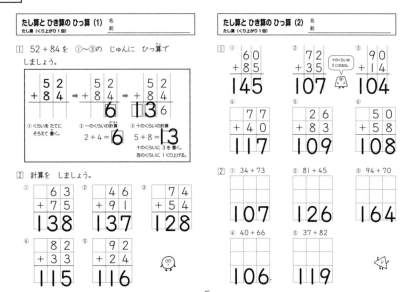

P.41

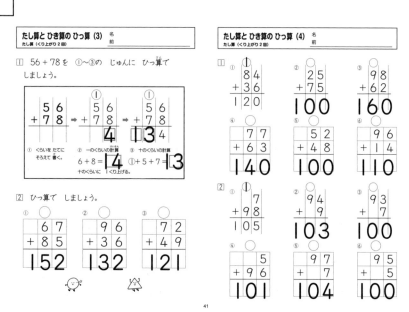

P.42

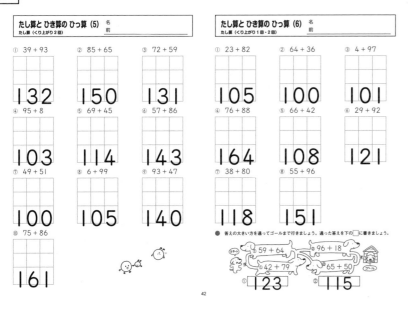

たし算とひき算の ひっ算 (5) 名前
たし算（くり上がり2回）

① 39+93 = 132
② 85+65 = 150
③ 72+59 = 131
④ 95+8 = 103
⑤ 69+45 = 114
⑥ 57+86 = 143
⑦ 49+51 = 100
⑧ 6+99 = 105
⑨ 93+47 = 140
⑩ 75+86 = 161

たし算とひき算の ひっ算 (6) 名前
たし算（くり上がり1回・2回）

① 23+82 = 105
② 64+36 = 100
③ 4+97 = 101
④ 76+88 = 164
⑤ 66+42 = 108
⑥ 29+92 = 121
⑦ 38+80 = 118
⑧ 55+96 = 151

● 答えの大きい方を通ってゴールまで行きましょう。通った答えを下の□に書きましょう。
① 59+64　② 96+18　① 42+79　② 65+50
① 123　② 115

P.43

たし算とひき算の ひっ算 (7) 名前
ひき算（くり下がり1回）

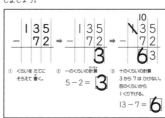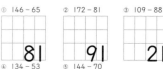

1 135-72 を ①～③の じゅんに ひっ算でしましょう。

135
- 72
→
135
- 72
→
135
- 72
3　63

① くらいを たてに そろえて 書く。
② 一のくらいの計算　5-2=3
③ 十のくらいの計算　3から7は ひけない。百のくらいから1くり下げる。13-7=6

2 計算を しましょう。
① 129-86 = 43
② 168-74 = 94
③ 157-92 = 65

たし算とひき算の ひっ算 (8) 名前
ひき算（くり下がり1回）

1
① 107-55 = 52
② 116-90 = 26
③ 104-84 = 20
④ 105-82 = 23
⑤ 127-60 = 67
⑥ 102-72 = 30

2
① 146-65 = 81
② 172-81 = 91
③ 109-88 = 21
④ 134-53 = 81
⑤ 144-70 = 74

P.44

たし算とひき算の ひっ算 (9) 名前
ひき算（くり下がり2回）

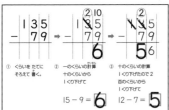

1 135-79 を ①～③の じゅんに ひっ算でしましょう。

135
- 79
→
135
- 79
6
→
135
- 79
56

① くらいを たてに そろえて 書く。
② 一のくらいの計算　十のくらいから1くり下げて　15-9=6
③ 十のくらいの計算　1くり下げたので2 百のくらいから1くり下げて　12-7=5

2 計算を しましょう。
① 156-87 = 69
② 123-45 = 78
③ 162-96 = 66

たし算とひき算の ひっ算 (10) 名前
ひき算（くり下がり2回）

1
① 143-47 = 96
② 130-62 = 68
③ 170-75 = 95
④ 151-54 = 97
⑤ 110-36 = 74
⑥ 160-69 = 91

2
① 105-78 = 27
② 100-53 = 47
③ 100-8 = 92
④ 103-86 = 17
⑤ 100-49 = 51
⑥ 100-4 = 96

P.45

たし算とひき算の ひっ算 (11) 名前
ひき算（くり下がり2回）

① 174-96 = 78
② 147-68 = 79
③ 100-7 = 93
④ 112-34 = 78
⑤ 102-97 = 5
⑥ 161-76 = 85
⑦ 100-88 = 12
⑧ 124-57 = 67
⑨ 140-59 = 81
⑩ 136-68 = 68

たし算とひき算の ひっ算 (12) 名前
ひき算（くり下がり1回・2回）

① 106-19 = 87
② 152-75 = 77
③ 119-64 = 55
④ 134-55 = 79
⑤ 108-32 = 76
⑥ 163-78 = 85
⑦ 120-44 = 76
⑧ 146-87 = 59

● 答えの大きい方を通ってゴールまで行きましょう。通った答えを下の□に書きましょう。

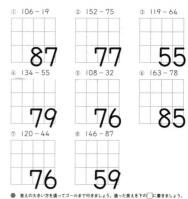

① 159-90　② 150-83　① 113-43　② 122-57
① 70　② 67

P.46

たし算と ひき算の ひっ算 (13) 名前

① ゆうきさんは きのう 本を 58ページ，今日は 76ページ 読みました。きのうと 今日で あわせて 何ページ 読みましたか。

しき $58+76=134$

答え　134ページ

② ほのかさんは 180円 もっています。95円の キャラメルを 買いました。のこりは いくらに なりますか。

しき $180-95=85$

答え　85円

③ ちゅう車じょうに 車が 104台 とまっています。そのうち 16台が バスで，そのほかは じょうよう車です。じょうよう車は 何台ですか。

しき $104-16=88$

答え　88台

たし算と ひき算の ひっ算 (14) 名前

① 公園に 赤い チューリップが 122本，白い チューリップが 78本 さいています。どちらの チューリップが 何本 多い ですか。

しき $122-78=44$

答え　赤いチューリップが44本多い。

② 電車に 87人 のっています。つぎの えきで 34人 のってきました。電車に のっている 人は 何人ですか。

しき $87+34=121$

答え　121人

③ ぼくじょうに ひつじが 95とう います。牛は ひつじより 15とう 多いです。牛は 何とうですか。

しき $95+15=110$

答え　110とう

46

P.47

たし算と ひき算の ひっ算 (15) 名前

● あみだくじです。計算を して 魚に 答えを 書きましょう

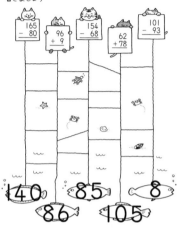

140　85　8　86　105

たし算と ひき算の ひっ算 (16) 名前

● 答えの 大きい 方へ すすみましょう。通った方の 答えを □に 書きましょう。

89　104　94　141　88

47

P.48

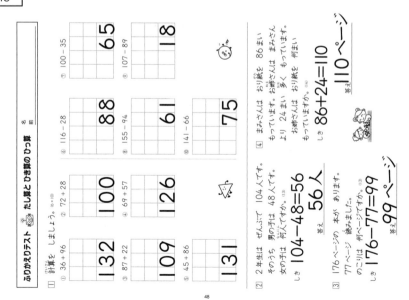

ふりかえりテスト たし算と ひき算の ひっ算 名前

① 計算を しましょう。

⑦ $100-35$　65
⑧ $107-89$　18
④ $116-28$　88
⑧ $155-94$　61
⑩ $141-66$　75
③ $72+28$　100
⑨ $69+57$　126
① $36+96$　132
③ $87+22$　109
⑤ $45+86$　131

④ まみさんは おり紙を 86まい もっています。お姉さんは まみさんより 24まい 多く もっています。お姉さんは 何まい もっていますか。

しき $86+24=110$

答え　110ページ

② 2年生は ぜんぶで 104人です。そのうち 男の子は 48人です。女の子は 何人ですか。

しき $104-48=56$

答え　56人

③ 176ページの 本が あります。77ページ 読みました。のこりは 何ページですか。

しき $176-77=99$

答え　99ページ

48

P.49

大きい 数の ひっ算 (1) 名前
3けたの 数の たし算

① $314+53$を ひっ算で しましょう。

$$\begin{array}{r} 314 \\ +\ 53 \\ \hline \end{array} \Rightarrow \begin{array}{r} 314 \\ +\ 53 \\ \hline 367 \end{array}$$

① くらいを たてに そろえて 書く。
② 一のくらいから じゅんに 計算する。

一のくらいの計算　$4+3=7$
十のくらいの計算　$1+5=6$
百のくらいは　3

② 計算を しましょう。

①
$$\begin{array}{r} 403 \\ +\ 95 \\ \hline 498 \end{array}$$

②
$$\begin{array}{r} 62 \\ +517 \\ \hline 579 \end{array}$$

③
$$\begin{array}{r} 258 \\ +\ 40 \\ \hline 298 \end{array}$$

④
$$\begin{array}{r} 706 \\ +\ 3 \\ \hline 709 \end{array}$$

⑤
$$\begin{array}{r} 862 \\ +\ 24 \\ \hline 886 \end{array}$$

大きい 数の ひっ算 (2) 名前
3けたの 数の たし算

① $256+37$を ひっ算で しましょう。

$$\begin{array}{r} 256 \\ +\ 37 \\ \hline \end{array} \Rightarrow \begin{array}{r} 256 \\ +\ 37 \\ \hline 293 \end{array}$$

① くらいを たてに そろえて 書く。
② 一のくらいから じゅんに 計算する。

一のくらいの計算　$6+7=13$
十のくらいの計算　$1+5+3=9$
百のくらいは　2

② 計算を しましょう。

①
$$\begin{array}{r} 349 \\ +\ 28 \\ \hline 377 \end{array}$$

②
$$\begin{array}{r} 516 \\ +\ 9 \\ \hline 525 \end{array}$$

③
$$\begin{array}{r} 7 \\ +407 \\ \hline 414 \end{array}$$

④
$$\begin{array}{r} 56 \\ +205 \\ \hline 261 \end{array}$$

⑤
$$\begin{array}{r} 834 \\ +\ 38 \\ \hline 872 \end{array}$$

49

P.50

大きい 数の ひっ算 (3)
3けたの 数の ひき算　名前

① 576−43を ひっ算で しましょう。

一のくらいの計算　6−3＝**3**
十のくらいの計算　7−4＝**3**
百のくらいは **5**

```
  5 7 6
−   4 3
─────────
  5 3 3
```

① くらいを たてに そろえて 書く。
② 一のくらいから じゅんに 計算する。

② 計算を しましょう。

①
```
  7 4 3
−   2 0
─────────
  7 2 3
```

②
```
  9 5 8
−   5 6
─────────
  9 0 2
```

③
```
  6 1 7
−     3
─────────
  6 1 4
```

④
```
  4 3 5
−   2 5
─────────
  4 1 0
```

⑤
```
  8 0 2
−     2
─────────
  8 0 0
```

802−2と 考えたら いいね。

大きい 数の ひっ算 (4)
3けたの 数の ひき算　名前

① 452−37を ひっ算で しましょう。

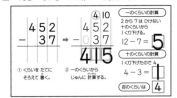

一のくらいの計算
2から7は ひけない
十のくらいから1くり下げる
12−7＝**5**
十のくらいの計算
1くり下げたので4
4−3＝**1**
百のくらいは **4**

```
  4 5 2
−   3 7
─────────
  4 1 5
```

① くらいを たてに そろえて 書く。
② 一のくらいから じゅんに 計算する。

② 計算を しましょう。

①
```
  5 7 5
−   3 8
─────────
  5 3 7
```

②
```
  3 8 5
−     9
─────────
  3 7 6
```

③
```
  7 1 4
−     6
─────────
  7 0 8
```

④
```
  4 6 0
−   3 2
─────────
  4 2 8
```

⑤
```
  2 3 0
−     7
─────────
  2 2 3
```

P.51

計算のくふう (1)
名前

● クッキーは ぜんぶで 何こ ありますか。
□に あてはまる 数を 書きましょう。

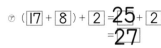
17こ　8こ　2こ

㋐ (**17**＋**8**)＋**2**＝**25**＋2
　　　　　　　　　　＝**27**

㋑ **17**＋(**8**＋**2**)＝**17**＋**10**
　　　　　　　　　　＝**27**

答えが 同じに なったかな。
たす じゅんじょを かえても
答えは 同じに なるよ。

( )は ひとまとまりを あらわし，先に 計算します。

計算のくふう (2)
名前

● ( )の 中を 先に 計算して 答えを だしましょう。

① 26＋(7＋3)＝26＋**10**
　　　　　　　　＝**36**

② 38＋(6＋4)＝38＋**10**
　　　　　　　　＝**48**

③ 55＋(18＋2)＝**55＋20**
　　　　　　　　＝**75**

④ 24＋(25＋5)＝**24＋30**
　　　　　　　　＝**54**

⑤ 19＋(9＋11)＝**19＋20**
　　　　　　　　＝**39**

P.52

計算のくふう (3)
名前

● くふうして 計算しましょう。

たす じゅんばんを かえても
答えは 同じだったね。

① 6＋7＋3 ＝ **16**

② 15＋8＋5 ＝ **28**

③ 9＋26＋1 ＝ **36**

④ 28＋15＋2 ＝ **45**

⑤ 16＋36＋4 ＝ **56**

⑥ 14＋17＋3 ＝ **34**

⑦ 38＋9＋11 ＝ **58**

⑧ 12＋17＋8 ＝ **37**

しきの 中から たして 10や 20に なる 2つの 数を 見つけよう。

計算のくふう (4)
名前

● 公園で，男の子が 18人と 女の子が 15人 あそんで います。あとから 女の子が 5人 きました。公園には みんなで 何人 いますか。

① ( )を つかって 女の子の 人数を 先に 計算する しきを 書きましょう。

しき 18＋(15＋5)＝18＋20
　　　　　　　　　　＝38

② 計算して 答えを もとめましょう。

答え **38人**

● あわせて 30になる 2つの 数を 見つけて ◯で かこみましょう。

16 12　13 19　8 26
4 14　11 8　22 7

P.53

三角形と 四角形 (1)
名前

ぴんと はった ひものように，まっすぐな 線を，直線と いいます。

① 同じ 文字の 点と 点を むすんで，直線を ひきましょう。

㋐ ——————— ㋐
㋑ ——————— ㋑
㋒ ——————— ㋒

② 同じ 文字の 点と 点を 直線で むすんで どうぶつを かこみましょう。

3本の 直線で かこまれた 形を 三角形と いいます。

4本の 直線で かこまれた 形を 四角形と いいます。

三角形と 四角形 (2)
名前

三角形や 四角形の かどの 点を ちょう点と いい，まわりの 直線を へんと いいます。

① 三角形，四角形には ちょう点と へんが，それぞれ いくつ ありますか。

① 三角形

ちょう点（**3**）に
へん（**3**）本

② 四角形

ちょう点（**4**）に
へん（**4**）本

② 三角形と 四角形を 見つけて，( )に 記ごうを 書きましょう。

三角形（**イ**）（**カ**）　四角形（**ア**）（**オ**）

児童に実施させる前に，必ず指導される方が問題を解いてください。本書の解答は，あくまでも1つの例です。指導される方の作られた解答をもとに，本書の解答例を参考に児童の多様な考えに寄り添って○つけをお願いします。

P.54

三角形と四角形（3） 名前

① 2つの へんを かきたして，三角形を かきましょう。

略

② 3つの へんを かきたして，四角形を かきましょう。

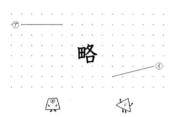

略

三角形と四角形（4） 名前

紙を ぴったり かさなるように おって できた かどの 形を，直角と いいます。

① 下の 図から 直角を 見つけ，直角の かどを 赤く ぬりましょう。

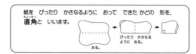

② 下の 図㋐～㋙から 直角を 見つけ，直角の かどを 赤く ぬりましょう。

P.55

三角形と四角形（5） 名前

4つの かどが すべて 直角な 四角形を 長方形と いいます。また，長方形の むかいあって いる へんの 長さは，同じです。

① 下の 図から 長方形を 2つ えらび，（ ）に 記ごうを 書きましょう。

（㋑）（㋓）

② のこりの へんを かいて，長方形を かんせいさせましょう。

略

三角形と四角形（6） 名前

4つの かどが すべて 直角で，4つの へんの 長さも すべて 同じ 四角形を 正方形といいます。

① 下の 図から 正方形を 2つ えらび，（ ）に 記ごうを 書きましょう。

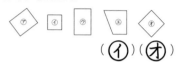

（㋑）（㋛）

② のこりの へんを かいて，正方形を かんせいさせましょう。

略

P.56

三角形と四角形（7） 名前

直角の かどの ある 三角形を，直角三角形と いいます。

① つぎの 三角形の 中で，直角三角形は どれですか。（ ）に 記ごうを 書きましょう。

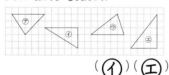

（㋑）（㋓）

② 下の 長方形に 直線を 1本 ひいて，2つの 直角三角形に 分けてみましょう。

（例）

長方形の 直角を つかったら いいね。

三角形と四角形（8） 名前

① つぎの 大きさの 長方形と 正方形を かきましょう。

① たて 5cm，よこ 4cmの 長方形
② 1つの へんの 長さが 3cmの 正方形

略

② 直角三角形を かきましょう。

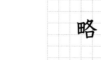

略

P.57

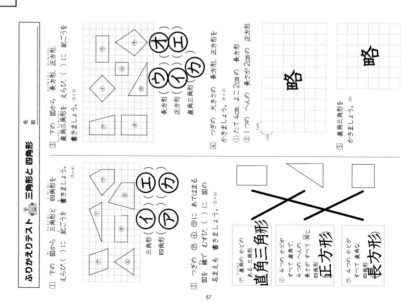

略

P.58

かけ算（1）　名前

● 絵を 見て □にあてはまる 数を 書きましょう。

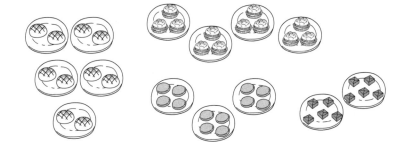

① 🫓 | さらに 2 こずつ 5 さら分で 10 こ

② | さらに 3 こずつ 4 さら分で 12 こ

③ | さらに 4 こずつ 3 さら分で 12 こ

④ | さらに 5 こずつ 2 さら分で 10 こ

58

P.59

かけ算（2）　名前

● 絵を 見て □にあてはまる 数を 書きましょう。

① | 台に 2 人ずつ 5 台分で 10 人

② | 台に 3 人ずつ 4 台分で 12 人

③ | 台に 4 人ずつ 6 台分で 24 人

④ | 台に 5 人ずつ 2 台分で 10 人

59

P.60

かけ算（3）　名前

● 絵を 見て □にあてはまる 数を 書きましょう。

① りんごが
| かごに 3 こずつ 5 かご分で 15 こ

② クッキーが
| ふくろに 4 こずつ 3 ふくろ分で 12 こ

③ えんぴつが
| はこに 6 本ずつ 2 はこ分で 12 本

かけ算（4）　名前

● つぎの 数だけ 絵を かきましょう。

① ドーナツが
| さらに ２こずつ ４さら分で ぜんぶで ８こ

② あめが
| ふくろに ５こずつ ３ふくろ分で ぜんぶて 15こ

略

③ みかんが
| かごに ４こずつ ２かご分で ぜんぶて ８こ

60

P.61

かけ算（5）　名前

● かけ算の しきに 書いて おにぎりの ぜんぶの 数を もとめましょう。

| さらに 3 こずつ 4 さら分で
ぜんぶて 12 こ

しき 3 × 4 = 12

答え 12 こ

かけ算（6）　名前

● かけ算の しきに 書いて ぜんぶの 数を もとめましょう。

① チーズ

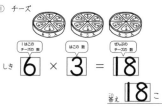

しき 6 × 3 = 18

答え 18 こ

② パン

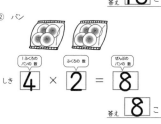

しき 4 × 2 = 8

答え 8 こ

61

P.62

かけ算（7）　名前

● かけ算の しきに 書いて ぜんぶの 数を もとめましょう。

① プリン

| 1パックの プリンの 数 | パックの 数 | ぜんぶの プリンの 数 |

しき $3 \times 5 = 15$

答え 15 こ

② 花

| 1たばの 花の 数 | 花たばの 数 | ぜんぶの 花の 数 |

しき $7 \times 3 = 21$

答え 21 本

かけ算（8）　名前

● かけ算の しきに 書いて ぜんぶの 数を もとめましょう。

① 金魚

| 水そう1つの 金魚の 数 | 水そうの 数 | ぜんぶの 金魚の 数 |

しき $2 \times 4 = 8$

答え 8 ひき

② 子ども

| 1台の 子どもの 数 | バスの台数 | ぜんぶの 子どもの 数 |

しき $9 \times 2 = 18$

答え 18 人

P.63

かけ算（9）　名前

● かけ算の しきに 書いて ぜんぶの 数を もとめましょう。

① えんぴつ

| 1はこの えんぴつの 数 | はこの 数 | ぜんぶの えんぴつの 数 |

しき $3 \times 6 = 18$

答え 18 本

② たいやき

| 1はこの たいやきの 数 | はこの 数 | ぜんぶの たいやきの 数 |

しき $4 \times 4 = 16$

答え 16 こ

かけ算（10）　名前

● かけ算の しきに 書いて ぜんぶの 数を もとめましょう。

① ケーキ

| 1はこの ケーキの 数 | はこの 数 | ぜんぶの ケーキの 数 |

しき $2 \times 5 = 10$

答え 10 こ

② おまんじゅう

| 1はこの おまんじゅうの 数 | はこの 数 | ぜんぶの おまんじゅうの 数 |

しき $6 \times 3 = 18$

答え 18 こ

P.64

かけ算（11）

● 絵が あらわす かけ算の しきを えらんで 線で むすびましょう。

5×3

4×3

3×5

3×4

かけ算の しきは
1つ分の 数 いくつ分
○ × □ だね。

P.65

かけ算（12）　5のだん　名前

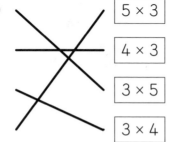

1ふくろ ふえると 食パンは 5まいずつ ふえるね。

ご いち が ご	$5 \times 1 = 5$
ご に じゅう	$5 \times 2 = 10$
ご さん じゅうご	$5 \times 3 = 15$
ご し にじゅう	$5 \times 4 = 20$
ご ご にじゅうご	$5 \times 5 = 25$
ご ろく さんじゅう	$5 \times 6 = 30$
ご しち さんじゅうご	$5 \times 7 = 35$
ご は しじゅう	$5 \times 8 = 40$
ごっ く しじゅうご	$5 \times 9 = 45$

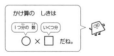

P.66

かけ算（13）
2のだん

に いち が に
$2 \times 1 = 2$
に にん が し
$2 \times 2 = 4$
に さん が ろく
$2 \times 3 = 6$
に し が はち
$2 \times 4 = 8$
に ご じゅう
$2 \times 5 = 10$
に ろく じゅうに
$2 \times 6 = 12$
に しち じゅうし
$2 \times 7 = 14$
に はち じゅうろく
$2 \times 8 = 16$
に く じゅうはち
$2 \times 9 = 18$

1さら ふえると　おすしは いくつずつ　ふえているかな。

66

P.67

かけ算（14）
3のだん

さん いち が さん
$3 \times 1 = 3$
さん に が ろく
$3 \times 2 = 6$
さ ざん が く
$3 \times 3 = 9$
さん し じゅうに
$3 \times 4 = 12$
さん ご じゅうご
$3 \times 5 = 15$
さぶ ろく じゅうはち
$3 \times 6 = 18$
さん しち にじゅういち
$3 \times 7 = 21$
さん ぱ にじゅうし
$3 \times 8 = 24$
さん く にじゅうしち
$3 \times 9 = 27$

1ふくろ ふえると　りんごは □こずつ　ふえるね。

67

P.68

かけ算（15）
4のだん

し いち が し
$4 \times 1 = 4$
し に が はち
$4 \times 2 = 8$
し さん じゅうに
$4 \times 3 = 12$
し し じゅうろく
$4 \times 4 = 16$
し ご にじゅう
$4 \times 5 = 20$
し ろく にじゅうし
$4 \times 6 = 24$
し しち にじゅうはち
$4 \times 7 = 28$
し は さんじゅうに
$4 \times 8 = 32$
し く さんじゅうろく
$4 \times 9 = 36$

1はこ ふえると　シュークリームは □こずつ　ふえるね。

68

P.69

かけ算（16）
5のだん・2のだん

① $5 \times 7 = 35$	① $2 \times 2 = 4$
② $5 \times 6 = 30$	② $2 \times 6 = 12$
③ $5 \times 2 = 10$	③ $2 \times 5 = 10$
④ $5 \times 3 = 15$	④ $2 \times 7 = 14$
⑤ $5 \times 8 = 40$	⑤ $2 \times 8 = 16$
⑥ $5 \times 9 = 45$	⑥ $2 \times 1 = 2$
⑦ $5 \times 4 = 20$	⑦ $2 \times 9 = 18$
⑧ $5 \times 5 = 25$	⑧ $2 \times 4 = 8$
⑨ $5 \times 1 = 5$	⑨ $2 \times 3 = 6$
⑩ $5 \times 7 = 35$	⑩ $2 \times 7 = 14$

かけ算（17）
3のだん・4のだん

① $3 \times 4 = 12$	① $4 \times 4 = 16$
② $3 \times 5 = 15$	② $4 \times 3 = 12$
③ $3 \times 2 = 6$	③ $4 \times 5 = 20$
④ $3 \times 9 = 27$	④ $4 \times 7 = 28$
⑤ $3 \times 3 = 9$	⑤ $4 \times 9 = 36$
⑥ $3 \times 1 = 3$	⑥ $4 \times 2 = 8$
⑦ $3 \times 7 = 21$	⑦ $4 \times 8 = 32$
⑧ $3 \times 8 = 24$	⑧ $4 \times 3 = 12$
⑨ $3 \times 4 = 12$	⑨ $4 \times 1 = 4$
⑩ $3 \times 6 = 18$	⑩ $4 \times 6 = 24$

69

解答

P.70

かけ算（18）　2のだん～5のだん

① $5 \times 4 = 20$　② $5 \times 7 = 35$　③ $2 \times 7 = 14$
④ $2 \times 5 = 10$　⑤ $2 \times 9 = 18$　⑥ $4 \times 3 = 12$
⑦ $4 \times 9 = 36$　⑧ $2 \times 6 = 12$　⑨ $3 \times 8 = 24$
⑩ $3 \times 4 = 12$　⑪ $4 \times 7 = 28$　⑫ $5 \times 6 = 30$
⑬ $4 \times 8 = 32$　⑭ $3 \times 6 = 18$　⑮ $3 \times 9 = 27$
⑯ $3 \times 7 = 21$　⑰ $5 \times 9 = 45$　⑱ $5 \times 5 = 25$
⑲ $2 \times 8 = 16$　⑳ $4 \times 4 = 16$　㉑ $3 \times 5 = 15$
㉒ $5 \times 3 = 15$　㉓ $5 \times 8 = 40$　㉔ $4 \times 6 = 24$
㉕ $3 \times 3 = 9$

● 答えの大きい方を通ってゴールまで行きましょう。通った答えを下の□に書きましょう。

スタート　① 2×9　② 5×5　③ 3×8　ゴール
③ 3×7　④ 4×6　④ 4×5

① 21　② 25　③ 24

かけ算（19）　2のだん～5のだん

① $4 \times 7 = 28$　② $5 \times 6 = 30$　③ $2 \times 3 = 6$
④ $2 \times 7 = 14$　⑤ $4 \times 9 = 36$　⑥ $3 \times 7 = 21$
⑦ $5 \times 8 = 40$　⑧ $3 \times 2 = 6$　⑨ $4 \times 4 = 16$
⑩ $4 \times 1 = 4$　⑪ $2 \times 5 = 10$　⑫ $2 \times 1 = 2$
⑬ $3 \times 6 = 18$　⑭ $4 \times 3 = 12$　⑮ $5 \times 5 = 25$
⑯ $5 \times 2 = 10$　⑰ $2 \times 4 = 8$　⑱ $2 \times 2 = 4$
⑲ $3 \times 1 = 3$　⑳ $3 \times 4 = 12$　㉑ $4 \times 6 = 24$
㉒ $4 \times 8 = 32$　㉓ $5 \times 3 = 15$　㉔ $3 \times 9 = 27$
㉕ $2 \times 8 = 16$　㉖ $3 \times 3 = 9$　㉗ $5 \times 7 = 35$
㉘ $5 \times 4 = 20$　㉙ $4 \times 5 = 20$　㉚ $2 \times 9 = 18$
㉛ $4 \times 2 = 8$　㉜ $2 \times 6 = 12$　㉝ $5 \times 1 = 5$
㉞ $3 \times 5 = 15$　㉟ $5 \times 9 = 45$　㊱ $3 \times 8 = 24$

□もん／36もん

P.71

かけ算（20）　6のだん

1さら ふえると たこやきは □こずつ ふえるね。

| ろく いち が ろく $6 \times 1 = 6$ |
| ろく に じゅうに $6 \times 2 = 12$ |
| ろく さん じゅうはち $6 \times 3 = 18$ |
| ろく し にじゅうし $6 \times 4 = 24$ |
| ろく ご さんじゅう $6 \times 5 = 30$ |
| ろく ろく さんじゅうろく $6 \times 6 = 36$ |
| ろく しち しじゅうに $6 \times 7 = 42$ |
| ろく は しじゅうはち $6 \times 8 = 48$ |
| ろっ く ごじゅうし $6 \times 9 = 54$ |

P.72

かけ算（21）　7のだん

1はこ ふえると クレヨンは □本ずつ ふえるね。

| しち いち が しち $7 \times 1 = 7$ |
| しち に じゅうし $7 \times 2 = 14$ |
| しち さん にじゅういち $7 \times 3 = 21$ |
| しち し にじゅうはち $7 \times 4 = 28$ |
| しち ご さんじゅうご $7 \times 5 = 35$ |
| しち ろく しじゅうに $7 \times 6 = 42$ |
| しち しち しじゅうく $7 \times 7 = 49$ |
| しち は ごじゅうろく $7 \times 8 = 56$ |
| しち く ろくじゅうさん $7 \times 9 = 63$ |

P.73

かけ算（22）　8のだん

1かご ふえると みかんは □こずつ ふえるね。

| はち いち が はち $8 \times 1 = 8$ |
| はち に じゅうろく $8 \times 2 = 16$ |
| はち さん にじゅうし $8 \times 3 = 24$ |
| はち し さんじゅうに $8 \times 4 = 32$ |
| はち ご しじゅう $8 \times 5 = 40$ |
| はち ろく しじゅうはち $8 \times 6 = 48$ |
| はち しち ごじゅうろく $8 \times 7 = 56$ |
| はっ ぱ ろくじゅうし $8 \times 8 = 64$ |
| はっ く しちじゅうに $8 \times 9 = 72$ |

P.74

かけ算（23）
9 のだん

$9 \times 1 = 9$
$9 \times 2 = 18$
$9 \times 3 = 27$
$9 \times 4 = 36$

> １まい ふえると
> シールは □こずつ
> ふえるね。

$9 \times 5 = 45$
$9 \times 6 = 54$
$9 \times 7 = 63$
$9 \times 8 = 72$
$9 \times 9 = 81$

P.75

かけ算（24）
1 のだん

$1 \times 1 = 1$　一一が1	① $1 \times 5 = 5$
$1 \times 2 = 2$　一二が2	② $1 \times 8 = 8$
$1 \times 3 = 3$　一三が3	③ $1 \times 3 = 3$
$1 \times 4 = 4$　一四が4	④ $1 \times 6 = 6$
$1 \times 5 = 5$　一五が5	⑤ $1 \times 9 = 9$
$1 \times 6 = 6$　一六が6	⑥ $1 \times 2 = 2$
$1 \times 7 = 7$　一七が7	⑦ $1 \times 4 = 4$
$1 \times 8 = 8$　一八が8	⑧ $1 \times 7 = 7$
$1 \times 9 = 9$　一九が9	⑨ $1 \times 1 = 1$

かけ算（25）
6 のだん・7 のだん

① $6 \times 3 = 18$	① $7 \times 1 = 7$
② $6 \times 7 = 42$	② $7 \times 6 = 42$
③ $6 \times 9 = 54$	③ $7 \times 2 = 14$
④ $6 \times 1 = 6$	④ $7 \times 8 = 56$
⑤ $6 \times 5 = 30$	⑤ $7 \times 5 = 35$
⑥ $6 \times 4 = 24$	⑥ $7 \times 4 = 28$
⑦ $6 \times 8 = 48$	⑦ $7 \times 9 = 63$
⑧ $6 \times 6 = 36$	⑧ $7 \times 3 = 21$
⑨ $6 \times 2 = 12$	⑨ $7 \times 6 = 42$
⑩ $6 \times 7 = 42$	⑩ $7 \times 7 = 49$

P.76

かけ算（26）
8 のだん・9 のだん

① $8 \times 6 = 48$	① $9 \times 1 = 9$
② $8 \times 9 = 72$	② $9 \times 6 = 54$
③ $8 \times 7 = 56$	③ $9 \times 5 = 45$
④ $8 \times 3 = 24$	④ $9 \times 2 = 18$
⑤ $8 \times 5 = 40$	⑤ $9 \times 8 = 72$
⑥ $8 \times 8 = 64$	⑥ $9 \times 4 = 36$
⑦ $8 \times 1 = 8$	⑦ $9 \times 7 = 63$
⑧ $8 \times 4 = 32$	⑧ $9 \times 9 = 81$
⑨ $8 \times 2 = 16$	⑨ $9 \times 6 = 54$
⑩ $8 \times 7 = 56$	⑩ $9 \times 3 = 27$

かけ算（27）
6 のだん～9 のだん

① $9 \times 9 = 81$　② $7 \times 6 = 42$　③ $9 \times 4 = 36$
④ $6 \times 5 = 30$　⑤ $9 \times 8 = 72$　⑥ $6 \times 6 = 36$
⑦ $7 \times 7 = 49$　⑧ $6 \times 8 = 48$　⑨ $8 \times 9 = 72$
⑩ $9 \times 6 = 54$　⑪ $7 \times 5 = 35$　⑫ $8 \times 5 = 40$
⑬ $8 \times 8 = 64$　⑭ $8 \times 7 = 56$　⑮ $7 \times 8 = 56$
⑯ $8 \times 4 = 32$　⑰ $7 \times 7 = 63$　⑱ $8 \times 6 = 48$
⑲ $7 \times 4 = 28$　⑳ $9 \times 7 = 63$　㉑ $9 \times 3 = 27$
㉒ $6 \times 9 = 54$　㉓ $6 \times 4 = 24$　㉔ $6 \times 7 = 42$
㉕ $7 \times 3 = 21$

● 答えの大きい方を通ってゴールまで行きましょう。通った答えを下の□に書きましょう。

① 21　② 56　③ 56

P.77

かけ算（28）
6 のだん～9 のだん

① $6 \times 6 = 36$　② $6 \times 1 = 6$　③ $8 \times 4 = 32$
④ $7 \times 1 = 7$　⑤ $8 \times 3 = 24$　⑥ $9 \times 4 = 36$
⑦ $9 \times 7 = 63$　⑧ $9 \times 8 = 72$　⑨ $8 \times 7 = 56$
⑩ $7 \times 8 = 56$　⑪ $6 \times 8 = 48$　⑫ $6 \times 5 = 30$
⑬ $6 \times 2 = 12$　⑭ $8 \times 2 = 16$　⑮ $9 \times 1 = 9$
⑯ $7 \times 3 = 21$　⑰ $6 \times 4 = 24$　⑱ $7 \times 6 = 42$
⑲ $8 \times 5 = 40$　⑳ $9 \times 2 = 18$　㉑ $8 \times 1 = 8$
㉒ $9 \times 3 = 27$　㉓ $6 \times 9 = 54$　㉔ $7 \times 2 = 14$
㉕ $6 \times 3 = 18$　㉖ $9 \times 9 = 81$　㉗ $6 \times 7 = 42$
㉘ $9 \times 6 = 54$　㉙ $7 \times 4 = 28$　㉚ $9 \times 8 = 72$
㉛ $7 \times 5 = 35$　㉜ $7 \times 9 = 63$　㉝ $7 \times 7 = 49$
㉞ $8 \times 8 = 64$　㉟ $9 \times 5 = 45$　㊱ $8 \times 6 = 48$

□ もん／36 もん

かけ算（29）
1 のだん～9 のだん

① $5 \times 8 = 40$　② $9 \times 1 = 9$　③ $2 \times 5 = 10$
④ $8 \times 7 = 56$　⑤ $6 \times 4 = 24$　⑤ $5 \times 9 = 45$
⑦ $3 \times 9 = 27$　⑧ $4 \times 7 = 28$　⑨ $3 \times 4 = 12$
⑩ $1 \times 8 = 8$　⑪ $9 \times 4 = 36$　⑫ $8 \times 3 = 24$
⑬ $6 \times 2 = 12$　⑭ $2 \times 8 = 16$　⑮ $3 \times 6 = 18$
⑯ $7 \times 7 = 49$　⑰ $7 \times 2 = 14$　⑱ $7 \times 6 = 42$
⑲ $8 \times 8 = 64$　⑳ $5 \times 3 = 15$　㉑ $4 \times 4 = 16$
㉒ $6 \times 7 = 42$　㉓ $9 \times 5 = 45$　㉔ $1 \times 3 = 3$
㉕ $4 \times 8 = 32$

P.78

かけ算（30）
１のだん～９のだん

① 4×3 = 12　② 4×6 = 24　③ 8×6 = 48
④ 2×7 = 14　⑤ 7×9 = 63　⑥ 9×3 = 27
⑦ 8×4 = 32　⑧ 6×8 = 48　⑨ 1×6 = 6
⑩ 2×3 = 6　⑪ 2×1 = 2　⑫ 6×6 = 36
⑬ 5×5 = 25　⑭ 3×8 = 24　⑮ 7×4 = 28
⑯ 4×9 = 36　⑰ 1×9 = 9　⑱ 5×2 = 10
⑲ 6×3 = 18　⑳ 5×7 = 35　㉑ 7×8 = 56
㉒ 8×2 = 16　㉓ 9×3 = 27　㉔ 3×5 = 15
㉕ 9×7 = 63

● 答えの大きい方を通ってゴールまで行きましょう。通った答えを下の□に書きましょう。

① 35　② 28　③ 42

かけ算（31）
１のだん～９のだん

① 6×5 = 30　② 4×5 = 20　③ 9×3 = 27
④ 4×9 = 36　⑤ 9×6 = 54　⑥ 8×5 = 40
⑦ 3×7 = 21　⑧ 3×3 = 9　⑨ 6×1 = 6
⑩ 2×4 = 8　⑪ 8×6 = 48　⑫ 5×4 = 20
⑬ 5×6 = 30　⑭ 4×2 = 8　⑮ 7×3 = 21
⑯ 1×5 = 5　⑰ 7×4 = 28　⑱ 6×8 = 48
⑲ 9×9 = 81　⑳ 3×5 = 15　㉑ 3×2 = 6
㉒ 2×6 = 12　㉓ 8×9 = 72　㉔ 6×9 = 54
㉕ 7×5 = 35

● 答えの大きい方を通ってゴールまで行きましょう。通った答えを下の□に書きましょう。

① 16　② 30　③ 15

P.79

かけ算（32）
ばいと かけ算

● 2cmの テープの 2ばい，3ばい，4ばい，5ばいの 長さに ついて 答えましょう。

① それぞれの テープに 色を ぬりましょう。

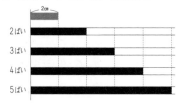

② それぞれの テープの 長さを もとめましょう。

2ばい　2 × 2 = 4　　4 cm
3ばい　2 × 3 = 6　　6 cm
4ばい　2 × 4 = 8　　8 cm
5ばい　2 × 5 = 10　　10 cm

かけ算（33）
ばいと かけ算

① 3cmの テープの 5ばいの 長さを かけ算の しきに 書いて もとめましょう。

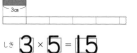

しき 3×5 = 15

答え 15 cm

（3cmの 5ばいは 3cmの 5つ分と いう ことだね。）

② 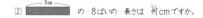 の 8ばいの 長さは 何cmですか。

しき 5×8 = 40

答え 40 cm

P.80

かけ算（34）
文しょうだい

① 1ふくろに くりが 7こずつ 入っています。ふくろは 4ふくろ あります。くりは ぜんぶで 何こ ありますか。

（1ふくろ分の 数）（ふくろの 数）（ぜんぶの 数）
しき 7 × 4 = 28

答え 28 こ

② 1台の 車に 6人ずつ のっています。車は 5台 あります。ぜんぶで 何人 のっていますか。

（1台分の 数）（台数）（ぜんぶの 数）
しき 6 × 5 = 30

答え 30 人

かけ算（35）
文しょうだい

① ふくろが 3ふくろ あります。1つの ふくろに トマトが 5こずつ 入っています。トマトは ぜんぶで 何こ ありますか。

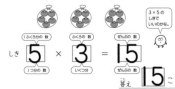

（1つ分の 数）（いくつ分）（ぜんぶの 数）
しき 5 × 3 = 15

（3×5の しきで いいのかな。）

答え 15 こ

② 車が 6台 あります。1台に 3人ずつ のっています。ぜんぶで 何人 のっていますか。

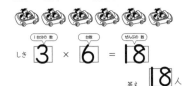

（1台分の 数）（台数）（ぜんぶの 数）
しき 3 × 6 = 18

答え 18 人

P.81

かけ算（36）
文しょうだい

① 画用紙を 1人に 3まいずつ くばります。9人に くばるには 画用紙は 何まい いりますか。

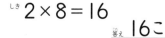

しき 3×9 = 27

答え 27まい

② 1日に 計算もんだいを 8もんずつ ときます。5日間で 何もん ときましたか。

しき 8×5 = 40

答え 40もん

③ りかさんは 花を 1人に 5本ずつ 7人の 友だちに あげます。花は ぜんぶで 何本 いりますか。

しき 5×7 = 35

答え 35本

かけ算（37）
文しょうだい

① 8この うえ木ばちに，チューリップの きゅうこんを 2こずつ うえます。きゅうこんは ぜんぶで 何こ いりますか。

しき 2×8 = 16

答え 16こ

② 7人の 子どもに クッキーを 6こずつ くばります。クッキーは ぜんぶで 何こ いりますか。

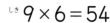

しき 6×7 = 42

答え 42こ

③ 6チームで やきゅうの しあいを します。1チームは 9人です。ぜんぶで 何人ですか。

しき 9×6 = 54

答え 54人

P.82

かけ算（38）　文しょうだい　名前

① たけるさんは　毎日　6dLの　牛にゅうを　のみます。8日間で，何dL のむことに　なりますか。
しき $6 \times 8 = 48$
答え 48dL

② ゆきなさんは，7人の　友だちに　カップケーキを　1こずつ　作って　プレゼントします。ケーキは　ぜんぶで　何こ　いりますか。
しき $1 \times 7 = 7$
答え 7こ

③ いすを　1れつ　4きゃくずつ　8れつ　ならべました。いすは　ぜんぶで　何きゃく　ありますか。
しき $4 \times 8 = 32$
答え 32きゃく

かけ算（39）　文しょうだい　名前

① 1こ　8円の　あめを　9こ　買います。ぜんぶで　何円ですか。
しき $8 \times 9 = 72$
答え 72円

② ひろとさんは　おもちゃの　車を　2だい　作ります。1だいに　タイヤを　4こずつ　つけます。タイヤは　ぜんぶで　何こ　いりますか。
しき $4 \times 2 = 8$
答え 8こ

③ 3cmの　あつさの　本を　5さつ　つむと，ぜんぶで　何cmに　なりますか。
しき $3 \times 5 = 15$
答え 15cm

P.83

かけ算（40）　1のだん～9のだん 40もん　名前

① $1 \times 1 = 1$ ② $5 \times 5 = 25$ ③ $6 \times 9 = 54$
④ $2 \times 6 = 12$ ⑤ $8 \times 2 = 16$ ⑥ $4 \times 1 = 4$
⑦ $2 \times 8 = 16$ ⑧ $5 \times 9 = 45$ ⑨ $7 \times 5 = 35$
⑩ $1 \times 8 = 8$ ⑪ $9 \times 8 = 72$ ⑫ $7 \times 8 = 56$
⑬ $3 \times 3 = 9$ ⑭ $9 \times 1 = 9$ ⑮ $5 \times 6 = 30$
⑯ $1 \times 2 = 2$ ⑰ $6 \times 4 = 24$ ⑱ $8 \times 5 = 40$
⑲ $2 \times 3 = 6$ ⑳ $4 \times 8 = 32$ ㉑ $7 \times 1 = 7$
㉒ $3 \times 6 = 18$ ㉓ $9 \times 9 = 81$ ㉔ $8 \times 3 = 24$
㉕ $1 \times 9 = 9$ ㉖ $9 \times 2 = 18$ ㉗ $4 \times 5 = 20$
㉘ $6 \times 6 = 36$ ㉙ $7 \times 7 = 49$ ㉚ $1 \times 4 = 4$
㉛ $9 \times 6 = 54$ ㉜ $2 \times 1 = 2$ ㉝ $4 \times 3 = 12$
㉞ $8 \times 8 = 64$ ㉟ $3 \times 5 = 15$ ㊱ $5 \times 2 = 10$
㊲ $3 \times 9 = 27$ ㊳ $7 \times 3 = 21$ ㊴ $6 \times 8 = 48$
㊵ $9 \times 4 = 36$
□ もん/40もん

かけ算（41）　1のだん～9のだん 41もん　名前

① $3 \times 8 = 24$ ② $6 \times 2 = 12$ ③ $4 \times 4 = 16$
④ $1 \times 6 = 6$ ⑤ $2 \times 5 = 10$ ⑥ $7 \times 6 = 42$
⑦ $8 \times 1 = 8$ ⑧ $5 \times 3 = 15$ ⑨ $4 \times 6 = 24$
⑩ $3 \times 1 = 3$ ⑪ $6 \times 3 = 18$ ⑫ $8 \times 6 = 48$
⑬ $5 \times 7 = 35$ ⑭ $8 \times 4 = 32$ ⑮ $1 \times 3 = 3$
⑯ $7 \times 4 = 28$ ⑰ $9 \times 3 = 27$ ⑱ $2 \times 7 = 14$
⑲ $6 \times 1 = 6$ ⑳ $2 \times 4 = 8$ ㉑ $8 \times 7 = 56$
㉒ $5 \times 1 = 5$ ㉓ $3 \times 2 = 6$ ㉔ $7 \times 9 = 63$
㉕ $1 \times 5 = 5$ ㉖ $6 \times 7 = 42$ ㉗ $9 \times 7 = 63$
㉘ $4 \times 2 = 8$ ㉙ $5 \times 6 = 36$ ㉚ $5 \times 4 = 20$
㉛ $1 \times 7 = 7$ ㉜ $8 \times 9 = 72$ ㉝ $3 \times 4 = 12$
㉞ $4 \times 7 = 28$ ㉟ $2 \times 2 = 4$ ㊱ $5 \times 8 = 40$
㊲ $6 \times 5 = 30$ ㊳ $2 \times 9 = 18$ ㊴ $9 \times 5 = 45$
㊵ $3 \times 7 = 21$ ㊶ $7 \times 2 = 14$
□ もん/41もん

P.84

九九の ひょうと きまり（1）　名前

● 九九の ひょうを 見て，もんだいに 答えましょう。

① 九九の ひょうの あいて いる ところを うめて カカの ひょうを かんせい させましょう。

	1	2	3	4	5	6	7	8	9
1	1	2	3	4	5	6	7	8	9
2	2	4	6	8	10	12	14	16	18
3	3	6	9	12	15	18	21	24	27
4	4	8	12	16	20	24	28	32	36
5	5	10	15	20	25	30	35	40	45
6	6	12	18	24	30	36	42	48	54
7	7	14	21	28	35	42	49	56	63
8	8	16	24	32	40	48	56	64	72
9	9	18	27	36	45	54	63	72	81

② □に あてはまる 数を 書きましょう。
① 4のだんでは，かける数が 1ふえると 答えは 4 ふえます。
② 7のだんでは，かける数が 1ふえると 答えは 7 ふえます。
③ 3×5の 答えと 5×3の 答えは 同じです。
④ $4 \times 6 = 4 \times 5 + 4$　⑤ $8 \times 4 = 8 \times 3 + 8$
⑥ $6 \times 3 = 3 \times 6$　⑦ $2 \times 9 = 9 \times 2$

③ 答えが 下の 数に なる 九九を 書きましょう。
あ 12 $(2 \times 6)(3 \times 4)(4 \times 3)(6 \times 2)$
い 36 $(4 \times 9)(6 \times 6)(9 \times 4)$

P.85

九九の ひょうと きまり（2）　名前

● 九九の ひょうを 見て，答えましょう。

かける数

	1	2	3	4	5	6	7	8	9	10	11	12
1	1	2	3	4	5	6	7	8	9			
2	2	4	6	8	10	12	14	16	18			
3	3	6	9	12	15	18	21	24	27			㋜
4	4	8	12	16	20	24	28	32	36			
5	5	10	15	20	25	30	35	40	45	㋐		
6	6	12	18	24	30	36	42	48	54			
7	7	14	21	28	35	42	49	56	63			
8	8	16	24	32	40	48	56	64	72			
9	9	18	27	36	45	54	63	72	81			
10		㋑										
11				㋔								

① □に あてはまる 数や ことばを 書きましょう。
① かける数が 1ふえると 答えは かけられる数 ふえます。
② 8のだんでは，かける数が 1ふえると 答えは 8 ふえます。
③ かけ算では，かける数 かけられる数 入れかえて 計算しても 答えは 同じです。

② ㋐～㋔に 入る 数を もとめる しきを 書きましょう。
㋐ (10×2)　㋑ (11×4)
㋒ (5×10)　㋓ (3×12)

③ ㋐～㋔に 入る 数を 書きましょう。
㋐（ 20 ）㋑（ 44 ）
㋒（ 50 ）㋓（ 36 ）

P.86

10000 までの 数 (1) 名前

● つぎの 数を □ に 書きましょう。

① | 千のくらい | 百のくらい | 十のくらい | 一のくらい |
| --- | --- | --- | --- |
| 4 | 5 | 3 | 8 |

② | 千のくらい | 百のくらい | 十のくらい | 一のくらい |
| --- | --- | --- | --- |
| 3 | 7 | 1 | 5 |

③ | 千のくらい | 百のくらい | 十のくらい | 一のくらい |
| --- | --- | --- | --- |
| 2 | 0 | 8 | 4 |

10000 までの 数 (2) 名前

● つぎの 数を □ に 書きましょう。

① | 千のくらい | 百のくらい | 十のくらい | 一のくらい |
| --- | --- | --- | --- |
| 4 | 2 | 0 | 6 |

② | 千のくらい | 百のくらい | 十のくらい | 一のくらい |
| --- | --- | --- | --- |
| 3 | 1 | 7 | 0 |

③ | 千のくらい | 百のくらい | 十のくらい | 一のくらい |
| --- | --- | --- | --- |
| 5 | 0 | 0 | 0 |

86

P.87

10000 までの 数 (3) 名前

① 数字で 書きましょう。

① 七千二百五十八　7258（7258）
② 六千百三十　6130（6130）
③ 二千九十　2090（2090）
④ 五千六　5006（5006）

② □に あてはまる 数を 書きましょう。

① 千のくらいが 4, 百のくらいが 8, 十のくらいが 0, 一のくらいが 3の 数は 4803 です。
② 千のくらいが 8, 百のくらいが 0, 十のくらいが 6, 一のくらいが 0の 数は 8060 です。

10000 までの 数 (4) 名前

● □に あてはまる 数を 書きましょう。

① 1000を 7こ, 100を 9こ, 10を 1こ, 1を 3こ あわせた 数は 7913 です。

千	百	十	一
7	9	1	3

② 1000を 6こ, 10を 8こ あわせた 数は 6080 です。

千	百	十	一
6	0	8	0

③ 1000を 8こ, 100を 1こ, 1を 9こ あわせた 数は 8109 です。

千	百	十	一
8	1	0	9

④ 5704は, 1000を 5こ, 100を 7こ, 1を 4こ あわせた 数です。

千	百	十	一
5	7	0	4

⑤ 3020は, 1000を 3こ, 10を 2こ あわせた 数です。

千	百	十	一
3	0	2	0

87

P.88

10000 までの 数 (5) 名前

① □に 答えを 書きましょう。

① 100を 12こ あつめた 数は いくつですか。
1200

② 100を 23こ あつめた 数は いくつですか。
2300

② □に 答えを 書きましょう。

① 1500は 100を 何こ あつめた 数ですか。
15 こ

② 3200は 100を 何こ あつめた 数ですか。
32 こ

10000 までの 数 (6) 名前

① まおさんは, 800円の メロンと 500円の ぶどうを 買いました。あわせて いくらですか。

しき 800+500＝1300

答え 1300円

② ゆうとさんは 700円 もっています。200円の りんごを 買うと いくら のこりますか。

しき 700−200＝500

答え 500円

③ 計算を しましょう。

① 700 + 600 ＝1300　② 400 + 800 ＝1200
③ 300 + 700 ＝1000　④ 800 − 500 ＝300
⑤ 900 − 300 ＝600　⑥ 1000 − 600 ＝400

88

P.89

10000 までの 数 (7) 名前

① 下の 数の線を 見て □に あてはまる 数を 書きましょう。

① 10000 (一万) は, 1000を 10こ あつめた 数です。
② 10000は, 100を 100こ あつめた 数です。
③ 10000より 1 小さい 数は 9999 です。
④ 10000より 10 小さい 数は 9990 です。
⑤ 10000より 1000 小さい 数は 9000 です。

② つぎの 数を ⑦の ように 下の 数の線に ↑て 書き入れましょう。

⑦ 4200　④ 6800　⑦ 9500

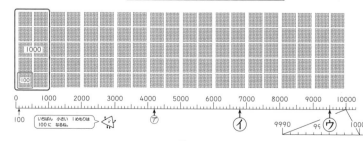

89

124

P.90

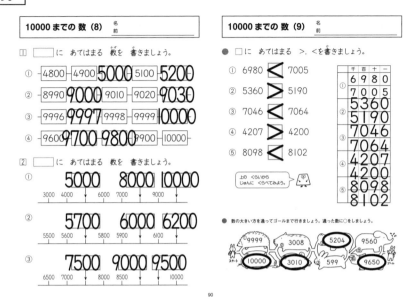

P.91

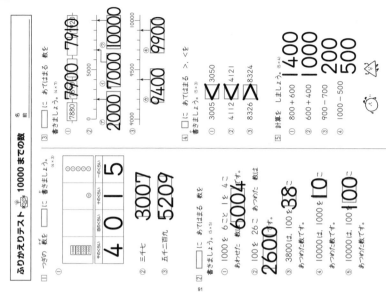

P.92

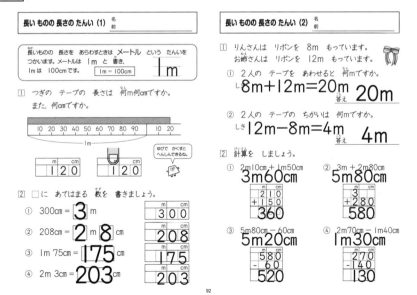

P.93

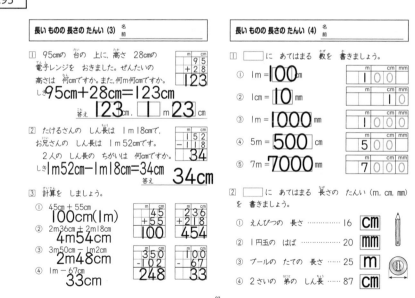

P.94

図を つかって 考えよう (1) 名前

● みかんが 24こ あります。
何こか 買ってきたので 36こに なりました。
買ってきた みかんは 何こですか。

① （ ）に あてはまる 数を 書きましょう。

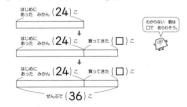

はじめに あった みかん（24）こ

はじめに あった みかん（24）こ　買ってきた（□）こ

はじめに あった みかん（24）こ　買ってきた（□）こ
ぜんぶで（36）こ

わからない 数は □で あらわそう。

② 買ってきた みかんの 数を もとめましょう。

24 ＋ □ ＝ 36

□は 36−24で もとめられるね。

しき 36 − 24 ＝ |2

答え |2こ

図を つかって 考えよう (2) 名前

● わからない 数を □として 図に あらわして，
答えを もとめましょう。

① ゆいさんは カードを 18まい もっています。
お姉さんに 何まいか もらったので 27まいに
なりました。お姉さんに 何まい もらいましたか。

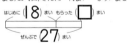

はじめに（18）まい もらった（□）まい
ぜんぶで（27）まい

しき 27−18＝9

答え 9まい

② 公園で 7人 あそんでいます。あとから
何人か 来たので，20人に なりました。
あとから 何人 来ましたか。

はじめに（7）人　あとから（□）人
ぜんぶで（20）人

しき 20−7＝13

答え 13人

P.95

図を つかって 考えよう (3) 名前

● 公園に はとが 何羽か います。
12羽 とんで いったので，のこりが 8羽に
なりました。はじめに はとは 何羽 いましたか。

① （ ）に あてはまる 数を 書きましょう。

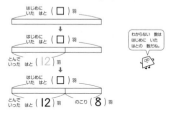

はじめに いた はと（□）羽

はじめに いた はと（□）羽

とんで いった はと（12）羽

はじめに いた はと（□）羽

とんで いった はと（12）羽　のこり（8）羽

わからない 数は はじめに いた はとの 数だね。

② はじめに いた はとの 数を もとめましょう。

□ − 12 ＝ 8

□は 12＋8で もとめられるね。

しき 12＋8＝20

答え 20羽

図を つかって 考えよう (4) 名前

● わからない 数を □として 図に あらわして，
答えを もとめましょう。

① お り紙が 何まいか あります。15まい
つかったので，のこりが 28まいに なりました。
はじめに おり紙は 何まい ありましたか。

はじめに（□）まい

つかった（15）　のこり（28）

しき 15＋28＝43

答え 43まい

② お店で ドーナツを 売っています。46こ
売れたので のこりが 7こに なりました。
はじめに ドーナツは 何こ ありましたか。

はじめに（□）こ

売れた（46）こ　のこり（7）こ

しき 46＋7＝53

答え 53こ

P.96

図を つかって 考えよう (5) 名前

● たまごが 16こ あります。何こか
つかったので，のこりが 6こに なりました。
たまごを 何こ つかいましたか。

① （ ）に あてはまる 数を 書きましょう。

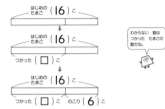

はじめの たまご（16）こ

はじめの たまご（16）こ

つかった（□）こ

はじめの たまご（16）こ

つかった（□）こ　のこり（6）こ

わからない 数は つかった たまごの 数だね。

② つかった たまごの 数を もとめましょう。

16 − □ ＝ 6

□は 16−6で もとめられるね。

しき 16−6＝|0

答え |0こ

図を つかって 考えよう (6) 名前

● わからない 数を □として 図に あらわして，
答えを もとめましょう。

① みゆさんは くりを 52こ ひろいました。
友だちに 何こか あげたので のこりが 34こに
なりました。何こ あげましたか。

はじめに（52）こ

あげた（□）こ　のこり（34）こ

しき 52−34＝18

答え 18こ

② バスに 40人 のっています。つぎの
バスていで 何人か おりたので，
のこりが 28人に なりました。何人 おりましたか。

はじめに（40）人

おりた（□）人　のこり（28）人

しき 40−28＝12

答え 12人

P.97

図を つかって 考えよう (7) 名前

● 教室に 何人か います。そこへ 9人 来たので
24人に なりました。はじめに 教室には 何人
いましたか。

① （ ）に あてはまる 数を 書きましょう。

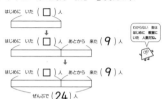

はじめに いた（□）人

はじめに いた（□）人　あとから 来た（9）人

はじめに いた（□）人　あとから 来た（9）人
ぜんぶで（24）人

わからない 数は はじめに 教室に いた 人数だね。

② はじめに 教室に いた 人数を もとめましょう。

□ ＋ 9 ＝ 24

□は 24−9で もとめられるね。

しき 24−9＝|5

答え 15人

図を つかって 考えよう (8) 名前

● わからない 数を □として 図に あらわして，
答えを もとめましょう。

① 電車に 何人か のっています。つぎの えきで
37人 のって きたので 61人に なりました。
はじめに 何人 のっていましたか。

はじめに（□）人　あとから（37）人
あわせて（61）人

しき 61−37＝24

答え 24人

② ぼく場に ヤギが います。春に ヤギの 赤ちゃんが
14ひき 生まれ，ぜんぶで 72ひきに なりました。
はじめに ヤギは 何びき いましたか。

はじめに（□）ひき　生まれた（14）ひき
ぜんぶで（72）ひき

しき 72−14＝58

答え 58ひき

P.98

図を つかって 考えよう (9)

名前

● わからない 数を □ として 図に あらわして，答えを もとめましょう。

① ゆうとさんは えんぴつを 17本 もっています。
お兄さんから 何本か もらったので 21本に なりました。お兄さんから 何本 もらいましたか。

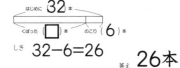

はじめに (17) 本　もらった □本
あわせて (21) 本

しき 21－17＝4

答え 4本

② ジュースが 32本 あります。
子どもたちに くばると，のこりが 6本に なりました。何本 くばりましたか。

はじめに 32本
くばった □本　のこり (6) 本

しき 32－6＝26

答え 26本

③ はるきさんの さいふに いくらか 入っています。
おじいちゃんに 50円 もらったので 200円に なりました。はじめに いくら 入っていましたか。

はじめに □円　もらった 50円
あわせて 200円

しき 200－50＝150

答え 150円

④ ちゅう車じょうに 車が 何台か 止まっています。
27台 出て行ったので，のこりが 23台に なりました。はじめに 車は 何台 止まって いましたか。

はじめに □台
出て行った 27台　のこり 23台

しき 27＋23＝50

答え 50台

P.99

分数 (1)

名前

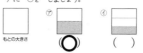

> 同じ 大きさに 2つに 分けた 1つ分を，もとの
> 大きさの 二分の一 と いい，$\frac{1}{2}$ と 書きます。

① 色の ついた ところが $\frac{1}{2}$ の 大きさに なって いるのは ⑦と ④の どちらですか。
( )に ○を しましょう。

もとの大きさ　　⑦ ○　　④ ( )

② $\frac{1}{2}$ の 大きさに 色を ぬりましょう。
①　②　略

分数 (2)

名前

① ⑦は，もとの 大きさの 何分の一 ですか。

もとの大きさ　$\frac{1}{4}$

> 同じ 大きさに 4つに
> 分けた 1つ分だね。

① 色の ついた ところが $\frac{1}{4}$ の 大きさに なって いるのは ⑦と ④の どちらですか。
( )に ○を しましょう。

もとの大きさ　　⑦ ( )　　④ ○

② $\frac{1}{4}$ の 大きさに 色を ぬりましょう。
①　③　略

P.100

分数 (3)

名前

① ⑦と ④は，もとの 長さの それぞれ 何分の一て すか。

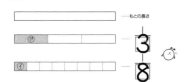

もとの長さ

⑦ $\frac{1}{3}$

④ $\frac{1}{8}$

② つぎの 長さに 色を ぬりましょう。

もとの大きさ

① $\frac{1}{2}$
② $\frac{1}{3}$
③ $\frac{1}{4}$
④ $\frac{1}{8}$

略

分数 (4)

名前

① 色の ついた ところの 大きさは，もとの 大きさの 何分の一ですか。

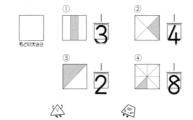

もとの大きさ

① $\frac{1}{3}$
② $\frac{1}{4}$
③ $\frac{1}{2}$
④ $\frac{1}{8}$

② □に あてはまる 数を 書きましょう。

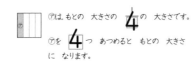

⑦は，もとの 大きさの $\frac{1}{4}$ の 大きさです。

⑦を 4つ あつめると もとの 大きさ に なります。

P.101

はこの 形 (1)

名前

> はこの 形の たいらな ところを，
> 面 と いいます。 面　面　面

● 右の はこの 形に ついて しらべましょう。

① 面は いくつ ありますか。
6つ

② 同じ 形の 面は いくつずつ ありますか。
2つずつ

③ 面の 形は 何という 四角形ですか。
長方形

> 上の はこの 面の 形を
> うつしとってみたよ。

はこの 形 (2)

名前

① 右の さいころの 形に ついて しらべましょう。

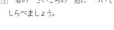

① 面は いくつ ありますか。
6つ

② 同じ 形の 面は いくつ ありますか。
6つ

③ 面の 形は 何という 四角形ですか。
正方形

② 下の ⑦，④の 図を 組み立てて できる はこの 形は どれですか。線で むすびましょう。

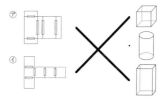

P.102

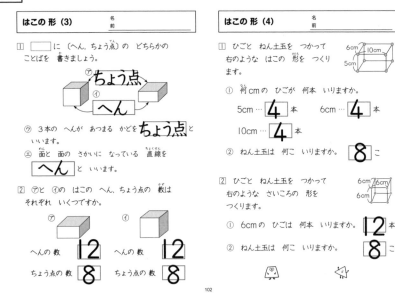

はこの 形 (3)　名前

① □に（へん，ちょう点）の どちらかの ことばを 書きましょう。

⑦ **ちょう点**
④ **へん**

⑦ 3本の へんが あつまる かどを **ちょう点**と いいます。

② 面と 面の さかいに なっている 直線を **へん** と いいます。

② ⑦と ④の はこの へん，ちょう点の 数は それぞれ いくつですか。

⑦ へんの 数 **12**　ちょう点の 数 **8**

④ へんの 数 **12**　ちょう点の 数 **8**

はこの 形 (4)　名前

① ひごと ねん土玉を つかって 右のような はこの 形を つくります。　6cm 10cm 5cm

① 何cmの ひごが 何本 いりますか。

5cm … **4** 本　6cm … **4** 本

10cm … **4** 本

② ねん土玉は 何こ いりますか。　**8** こ

② ひごと ねん土玉を つかって 右のような さいころの 形を つくります。　6cm 6cm 6cm

① 6cmの ひごは 何本 いりますか。　**12** 本

② ねん土玉は 何こ いりますか。　**8** こ

102

新版　教科書がっちり算数プリント
スタートアップ解法編　2年 ふりかえりテスト付き
解き方がよくわかり自分の力で練習できる

2021 年 1 月 20 日　第 1 刷発行

企画・編著：原田 善造（他 12 名）
編集担当：桂 真紀
イラスト：山口 亜耶 他

発行者：岸本 なおこ
発行所：喜楽研（わかる喜び学ぶ楽しさを創造する教育研究所）
〒604-0827　京都府京都市中京区高倉通二条下ル瓦町 543-1
TEL　075-213-7701　FAX　075-213-7706
HP　http://www.kirakuken.jp/
印刷：株式会社米谷

ISBN:978-4-86277-316-6

Printed in Japan